과학공화국 수학법정

과학공화국 수학법정 3

도형

초판 1쇄 발행일 | 2007년 4월 7일
초판 22쇄 발행일 | 2022년 10월 5일

지은이 | 정완상
펴낸이 | 정은영
펴낸곳 | (주)자음과모음

출판등록 | 2001년 11월 28일 제2001-000259호
주소 | 10881 경기도 파주시 회동길 325-20
전화 | 편집부 (02)324-2347, 총무부 (02)325-6047
팩스 | 편집부 (02)324-2348, 총무부 (02)2648-1311
e-mail | jamoteen@jamobook.com

ISBN 978-89-544-1382-4 (04410)

과학공화국 수학법정

정완상(국립 경상대학교 교수) 지음

|주|자음과모음

이 책을 읽기 전에

생활 속에서 배우는 기상천외한 수학 수업

수학과 법정, 이 두 가지는 전혀 어울리지 않은 소재들입니다. 그리고 여러분들이 제일 어렵게 느끼는 말들이기도 하지요. 그럼에도 이 책의 제목에는 분명 '수학법정'이라는 말이 들어 있습니다. 그렇다고 이 책의 내용이 아주 어려울 거라고 생각하지는 마세요. 저는 법률과는 무관한 기초과학을 공부하는 사람입니다. 그런데도 '법정'이라고 제목을 붙인 데는 이유가 있습니다.

또한 독자들은 왜 물리학 교수가 수학과 관련된 책을 쓰는지 궁금해 할지도 모릅니다. 하지만 저는 대학과 KAIST 시절 동안 과외를 통해 수학을 가르쳤습니다. 그러면서 어린이들이 수학의 기본 개념을 잘 이해하지 못해 수학에 대한 자신감을 잃었다는 것을 알았습니다. 그리고 또 중 · 고등학교에서 수학을 잘하려면 초등학교 때부터 수학의 기초가 잡혀 있어야 한다는 것을 알아냈습니다. 이 책은 주 대상이 초등학생입니다. 그리고 많은 내용을 초등학교 과정에서 발췌하였습니다.

그럼 왜 수학 얘기를 하는데 법정이라는 말을 썼을까요? 그것은 최근에 〈솔로몬의 선택〉을 비롯한 많은 텔레비전 프로에서 재미있는 사건을 소개하면서 우리들에게 법률에 대한 지식을 쉽게 알려 주기 때문입니다.

그래서 수학의 개념을 딱딱하지 않게 어린이들에게 소개하고자 법정을 통한 재판 과정을 도입하였습니다.

여러분은 이 책을 재미있게 읽으면서 생활 속에서 수학을 쉽게 적용할 수 있을 것입니다. 그러니까 이 책은 수학을 왜 공부해야 하는가를 알려 준다고 볼 수 있지요.

수학은 가장 논리적인 학문입니다. 그러므로 수학법정의 재판 과정을 통해 여러분은 수학의 논리와 수학의 정확성을 알게 될 것입니다. 이 책을 통해 어렵다고만 생각했던 수학이 쉽고 재미있다는 걸 느낄 수 있길 바랍니다.

끝으로 이 책을 쓰는 데 도움을 준 (주)자음과모음의 강병철 사장님과 모든 식구들에게 감사를 드리며 스토리 작업에 참가해 주말도 없이 함께 일해 준 조민경, 강지영, 이나리, 김미영, 도시은, 윤소연, 강민영, 황수진, 조민진 양에게 감사의 인사를 전합니다.

진주에서

정완상

목차

매스 변호사

프롤로그

수학법정의 탄생

과학공화국이라고 부르는 나라가 있었다. 이 나라에는 과학을 좋아하는 사람들이 모여 살았다. 인근에는 음악을 사랑하는 사람들이 살고 있는 뮤지오 왕국과 미술을 사랑하는 사람들이 사는 아티오 왕국, 공업을 장려하는 공업공화국 등 여러 나라가 있었다.

과학공화국에 사는 사람들은 다른 나라 사람들보다 과학을 좋아했다. 어떤 사람들은 물리를 좋아했고, 또 어떤 사람들은 생물을 좋아했지만, 과학보다 수학을 좋아하는 사람들도 있었다.

수학은 다른 모든 과학의 원리를 논리적으로, 정확하게 설명하기 위해 반드시 필요한 학문이다. 그렇지만 과학공화국의 명성에 걸맞지 않게 국민들의 수학 지식수준이 그리 높은 편은 아니었다. 그리하여 수학 시험을 치르면 과학공화국 아이들보다 오히려 공업공화국 아이들의 점수가 더 높을 정도였다.

특히 최근에는 공화국 전역에 인터넷이 급속히 퍼지면서 게임에

중독된 과학공화국 아이들의 수학 실력은 기준 이하로 떨어졌다. 그러다 보니 자연 수학 과외나 학원이 성행하게 되었고, 그런 와중에 아이들에게 엉터리 수학을 가르치는 무자격 교사들이 우후죽순 나타나기 시작했다.

일상생활을 하다 보면 수학과 관련한 여러 가지 문제에 부딪히게 되는데, 과학공화국 국민들의 수학에 대한 이해가 떨어져 곳곳에서 분쟁이 끊이지 않았다. 그리하여 과학공화국의 박과학 대통령은 장관들과 이 문제를 논의하기 위해 회의를 열었다.

"최근 들어 잦아진 수학 분쟁을 어떻게 처리하면 좋겠소."

대통령이 힘없이 말을 꺼냈다.

"헌법에 수학적인 조항을 좀 추가하면 어떨까요?"

법무부 장관이 자신 있게 말했다.

"좀 약하지 않을까?"

대통령이 못마땅한 듯이 대답했다.

"그럼 수학적인 문제만을 전문적으로 판결하는 새로운 법정을 만들면 어떨까요?"

수학부 장관이 말했다.

"바로 그거야. 과학공화국답게 그런 법정이 있어야지. 그래! 수학 법정을 만들면 되는 거야. 그리고 그 법정에서 다룬 판례들을 신문에 실으면 사람들이 다투지 않고도 시시비비를 가릴 수 있겠지."

대통령은 환하게 웃으며 흡족해했다.

"그럼 국회에서 새로운 수학법을 만들어야 하지 않습니까?"

법무부 장관이 약간 불만족스러운 듯한 표정으로 말했다.

"수학은 가장 논리적인 학문입니다. 누가 풀든 같은 문제에 대해서는 같은 정답이 나오는 것이 수학입니다. 그러므로 수학법정에서는 새로운 법을 만들 필요가 없습니다. 혹시 새로운 수학이 나온다면 모를까……."

수학부 장관이 법무부 장관의 말에 반박했다.

"그래, 나도 수학을 좋아하지만 어떤 방법으로 풀든 항상 같은 답이 나왔어."

대통령은 수학법정 건립을 확정지었고, 이렇게 해서 과학공화국에는 수학과 관련된 문제를 판결하는 수학법정이 만들어졌다.

수학법정 초대 판사는 수학에 대해 많은 연구를 하고 책도 많이 쓴 수학짱 박사가 맡게 되었다. 그리고 두 명의 변호사를 선발했는데 한 사람은 수학과를 졸업했지만 수학을 그리 잘 알지 못하는 수치라는 이름을 가진 40대 남성이었고, 다른 한 변호사는 어릴 때부터 수학경시대회에서 대상을 놓치지 않은 수학 천재, 매쓰였다.

이렇게 해서 과학공화국 사람들 사이에서 벌어지는 수학과 관련된 많은 사건들을 수학법정의 판결을 통해 깨끗하게 해결할 수 있었다.

제1장

도형의 합동에 관한 사건

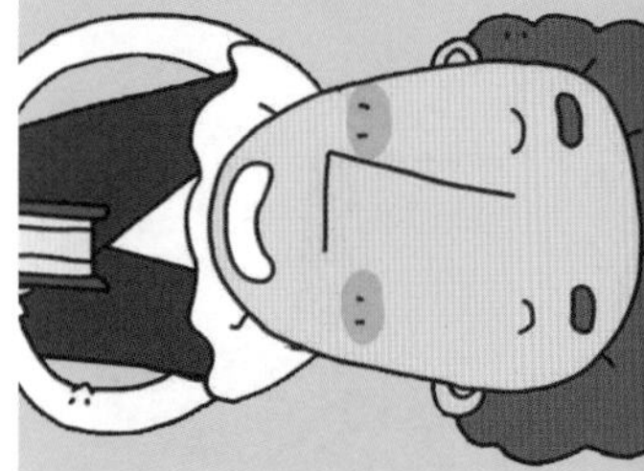

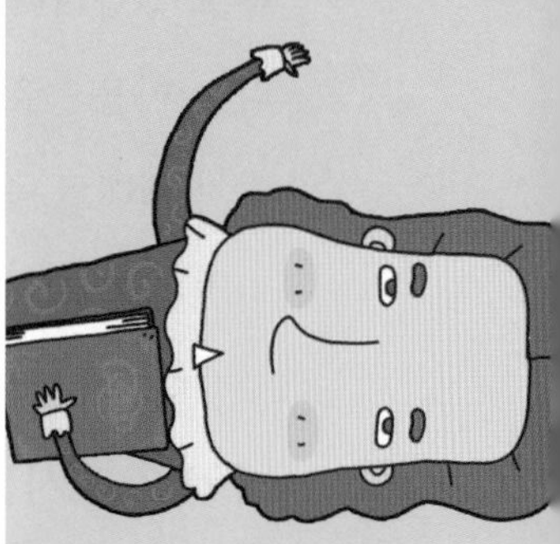

삼각형의 합동 – 삼각형 땅을 옮기시오

합동의 이용 – 산으로 가로막힌 거리

합동의 응용 – 섬까지의 거리

삼각형 땅을 옮기시오

같은 모양 같은 크기의 삼각형 땅을
다른 곳에도 만들 수 있을까요?

"긴급 속보입니다. 12시가 되자 농민들이 원숭이처럼 날뛰고 있습니다. 농민들은 새로 도로를 내는 것에 완강히 반대하며 도로로 뛰어나와 원숭이 흉내를 내고 있습니다. 내일 땅을 잴 예정이라는 것을 알고서 선수를 치겠다는 마음으로 전국 농민들이 한자리에 모였습니다. 도로가 막혀서 차가 제대로 움직이지 못하니 지하철을 이용해 주시기 바랍니다."

얼마 전 과학공화국에서는 도로를 다시 만들어 정리하겠다고 발표했다. 거창하게 도로재정비법이라는 이름을 붙여서 사람들을 쫄게 했다. 도시를 새롭게 꾸미기 위해 도시 내 모든 도로들을 연결하겠다는 내용이었다. 소식을 전해 들은 농민들의 원성이 이만저만이 아니었다. 도로 연결을 위해 자신들의 땅을 내주어야 한다는 사실에 머리에 뿔이 솟아올라 잠도 제대로 잘 수 없었다.

"우리 소 오정이랑 돼지 팔계는 어쩐대요?"

"우리 무 도사랑 배추 할아버지는 또 어쩌고요?"

필드와 하우스가 걱정하는 소리가 들렸다.

나라에서는 분명 보상을 해주겠다고 했다.

하지만 그런 약속에 한두 번 속은 농민들이 아니었다. 농민들은 이제 도로에 쫙 깔려서 동물원을 탈출한 사자처럼 이리저리 날뛰었다.

"어때? 어제 여기 온다고 빗질 좀 했어."

머리에 힘을 한껏 준 필드가 말하니 하우스가 받았다.

"나도 다리미질 좀 했지. 어디 때깔 좀 나?"

"짱이야. 방송도 나올 건데 그냥 올 수가 있어야지."

"당근. 화면발 좀 받아야 할 건데."

도로 바꾸기에 반대하기 위해 도로로 나선 농민들을 배경으로 두 번째 뉴스가 나갔다.

"놀라운 장면이 아닐 수 없습니다. 농민들이 배추를 포개서 도로에서 김장을 하고 있습니다. 도로 전체가 붉은 김치로 가득합니다. 주변 시민들이 나와서 너도나도 김치 한 포기를 달라고 난리입니다. 차는 도무지 다닐 수 없는 지경이 되었습니다. 출퇴근길에 어려움을 겪는 사람들의 불만이 높아지고 있습니다. 이에 나라에서는 피해를 입은 농민들에게 똑같은 크기의 땅을 보상해 주기로 하고 농민들을 도로에서 물러나게 했습니다."

뉴스 기자는 농민들이 반발하고 있다는 소식을 열띤 목소리로 전하고 있었다.

"로라 기자. 우리도 내려가서 김치 한 포기 얻어먹자고."

"그래, 안 그래도 아침도 못 먹고 나와서 배가 고프던 참이야."

로라 기자와 론 기자는 마이크를 내려놓자마자 농민들 쪽으로 내려갔다.

"김기자, 역시 김치는 신토불이여."

"찰칵"

론 기자는 김치를 들고 셀카를 찍고 있었다.

"촬영 덕에 조명이 비치니까 뽀샵이 필요 없겠어. 이참에 CF로 한번 나가 봐? 어때 이 각도?"

"그건 얼짱 각도가 아냐. 이 정도는 되어야지."

로라 기자가 론 기자의 카메라를 뺏어 들더니 김치를 먹다 말고 셀카에 집중하고 있었다.

농민들은 자신들의 땅을 같은 크기로 보상해 준다는 확인서를 받고서야 도로 위에서 김장을 담그는 일을 멈추고 물러갔다.

로라 기자와 론 기자가 한참 맛있게 먹고 있던 김치도 그 소식과 함께 사라졌다.

"국가에서 내 땅을 보상해 준다잖아."

"그람 우리 김치 건어서 얼른 가장, 내일 장에 내다 팔면 한 푼이라도 건지잖아."

"그래, 안 그래도 댑따 추웠던 참이야."

"나도, 눈에 힘 빡 주고 있다 보니 눈이 안 감겨."

필드와 하우스가 신기자와 김 기자가 먹고 있던 김치까지 빼앗아서 집으로 돌아갔다.

자신들이 소유한 땅과 똑같은 크기의 땅을 보상받을 수 있다는 생각에 물러났지만, 똑같은 크기의 땅으로 보상받는 것이 쉬운 일은 아니었다. 정사각형이나 직사각형 모양의 땅을 가진 농민들의 경우에는 같은 크기의 땅을 보상받는 것이 간단했다.

문제는 삼각형 모양의 땅이었다. 삼각형 땅에는 대대로 삼각형을 중요하게 생각해 온 트라이 마을이 형성되어 있었다.

"우리 트라이 마을은 같은 모양 같은 크기의 땅으로 보상해 주는 게 확실하지?"

"당연하지, 이번에는 서약서도 썼으니까."

"그럼, 우리도 이제 웰빙으로 가는 거야?"

새로운 땅에 대한 기대로 필드와 하우스도 내심 들떠 있었다.

국가에서 저스틴을 보내서 트라이 부족의 땅을 재어 오라고 시켰다. 과학공화국에 각을 잴 수 있는 도구라고는 자뿐이었다. 저스틴은 가장 뽀대 나는 자를 골라서 자신감에 차서 나섰다. 저스틴은 서커스를 하는 것처럼 자를 이쪽저쪽으로 가져다 땅을 재어 보려 했지만, 자만으로는 도저히 삼각형 모양의 땅 크기를 잴 수 없었다.

"아그야, 제대로 재그라."

트라이 부족 쌈짱이 무섭게 말했다.

"좀 모자란 자를 가져왔나 봅니다. 이런 적이 없는데, 땅을 잴 수가 없습니다."

저스틴이 울먹이듯이 말했다.

"이거 말로 해서는 안 되겠네."

"우드득"

쌈짱의 손가락 푸는 소리가 들리자 저스틴이 완전 쫄았다.

"형님, 제가 그러려고 그런 게 아니구요. 자가 말을 안 들어요. 한 번만 봐주세요."

저스틴이 트라이 쌈짱에게 애원했다.

"이 땅을 제대로 재려면 각을 잴 수 있는 도구가 있어야 해요. 자밖에 없으니 도저히 도로 재정비에 쓰일 트라이 마을의 삼각형 땅이랑 똑같이 보상해 줄 수가 없겠어요."

"니가 장난하나?"

한 대 칠 기세로 나오는 쌈짱을 트라이 이장님이 말리고 나섰다.

"이제 와서 땅을 제대로 보상해 주지 않겠다 이거 아닙니까?"

"아니, 그게 아니라, 땅을 잴 수 없으니까."

"어쩔 수 없다니요. 지금 그걸 말이라고 하십니까! 조금도 틀림없이 정확히 우리 땅이랑 똑같은 땅을 보상해 줘요."

"아 몰라 몰라, 나도 이제 몰라요. 땅을 못 재겠는데 어쩝니까?"

저스틴은 마지막으로 큰소리를 치고는 쌈짱을 피해 발에 불이 난 듯 달아났다.

결국 과학공화국과 트라이 마을 농민들 사이에는 다시 한 번 문제가 생겼다. 트라이 마을에서는 땅을 잴 수 있는 사람을 한 번 더 보내달라고 했다. 하지만 저스틴이 트라이 마을의 쌈짱의 전설을 소문내 버린 덕에 아무도 측량하러 가려 하지 않았다.

과학공화국과 트라이 마을 농민들 사이에 몇 번의 다툼이 벌어졌고, 결국 트라이 마을 사람들은 화가 나서 과학공화국을 상대로 수학법정에 고소를 하였다.

서로 합동인 두 삼각형은
각의 크기와 변의 길이가 모두 같습니다.

여기는 수학법정

자만 이용하여 삼각형 모양의 땅을 다른 곳에 똑같이 만들 수 있는 방법은 뭘까요?
수학법정에서 알아봅시다.

 재판을 시작합니다. 피고 측 변론하세요.

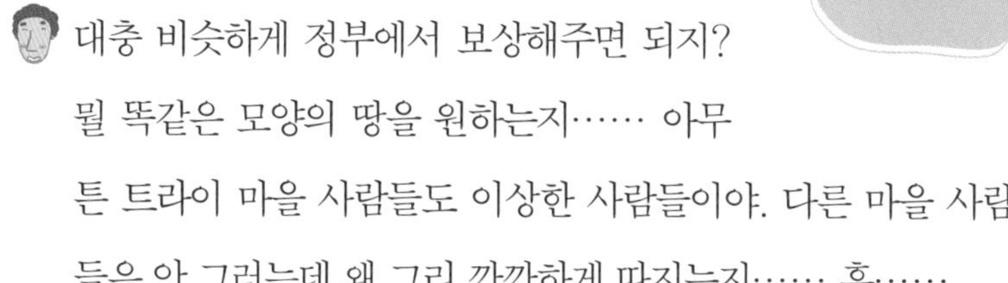

대충 비슷하게 정부에서 보상해주면 되지? 뭘 똑같은 모양의 땅을 원하는지…… 아무튼 트라이 마을 사람들도 이상한 사람들이야. 다른 마을 사람들은 안 그러는데 왜 그리 깐깐하게 따지는지…… 흠…….

끝난 거죠?

 네.

원고 측 변론하세요.

합동 부동산 연구소의 똑가타 소장을 증인으로 요청합니다.

역삼각형 모양의 얼굴에 날카로운 눈매의 30대의 남자가 증인석에 앉았다.

증인이 하는 일은 뭐죠?

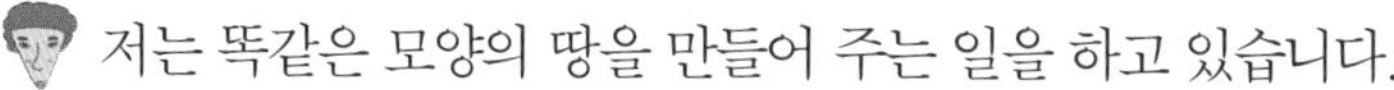

저는 똑같은 모양의 땅을 만들어 주는 일을 하고 있습니다.

그럼 이번 사건처럼 트라이 마을의 삼각형 땅에 정부에서 도로를 낼 때 다른 지역에 그 삼각형의 땅과 같은 모양 같은 크기의 땅을 만들 수 있습니까? 물론 자만 가지고 말입니다.

합동 이동을 시키면 됩니다.

그게 뭐죠?

기준점을 이용하여 똑같은 모양 똑같은 크기의 삼각형을 만들 수 있습니다. 이렇게 크기와 모양이 같은 삼각형을 원래의 삼각형과 합동의 관계에 있다고 말하지요.

그렇군요. 그럼 어떻게 이동시키는지 설명 좀 해 주시겠습니까?

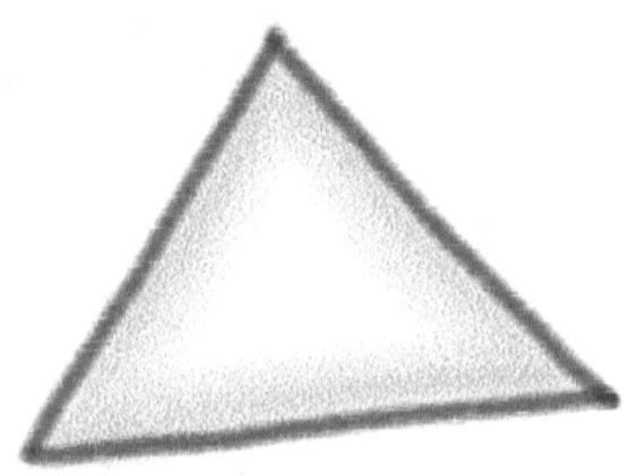

그림을 보시죠.

위 그림은 현재 트라이 마을의 삼각형 땅입니다. 그런데 이곳으로 도로가 난다고 하니까 이 도형과 합동인 도형의 땅을 다른 위치에 만들어야 합니다. 다음 그림과 같이, 기준점을 중심으로 대칭점을 찾아 새로운 삼각형을 만들면 됩니다.

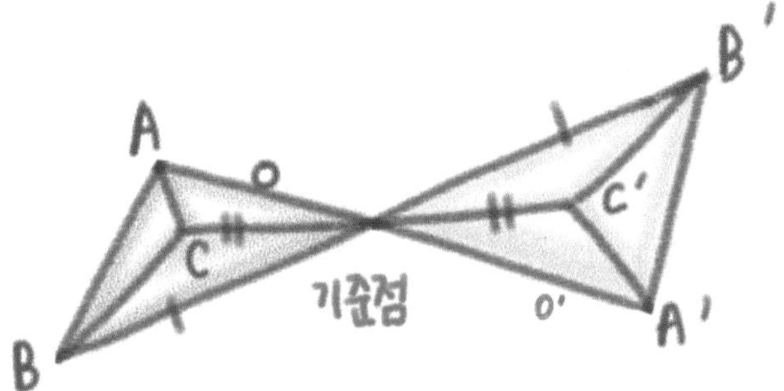

삼각형이 뒤집어졌군요.

네. 그렇지만 기준점을 중심으로 원래 삼각형의 세 꼭짓점 A, B, C의 대칭점인 A′, B′, C′를 연결하면 삼각형 ABC와 합동인 삼각형 A′B′C′가 만들어지죠.

판사님 그럼 게임 끝났지요?

그렇군요. 정부는 똑가타 소장에게 의뢰하여 합동 이동을 이용하여 완전히 똑같은 크기와 모양의 삼각형 땅을 트라이 마을 주민들에게 보상할 것을 판결합니다.

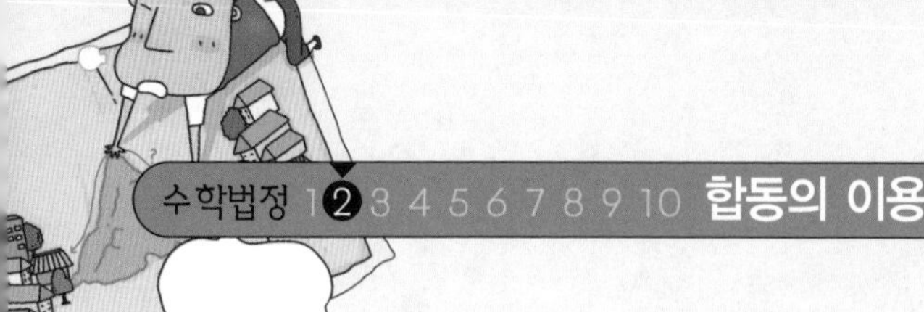

산으로 가로막힌 거리

산으로 가로막힌 두 도시 사이의 거리를 잴 수 있을까요?

"자기 한 입, 나 한 입."

서로 피자를 먹여 주는 커플을 보던 그리미 씨는 입을 날름거리며 피자집에서 눈을 떼지 못하고 있었다.

'함께 즐겨요 피자 한 조각이면 정말 행복하겠다.'

피자 가게 창에 스파이더맨처럼 바싹 붙어서 피자 먹는 사람들을 한참 동안 구경하고 있었다.

"저리 가. 저리 가. 재수 없게, 어디 거지가."

피자집 직원이 쓰레기를 비우러 나와서 대걸레로 그리미 씨를 쫓아내었다. 그리미 씨는 직원의 눈을 피해 쓰레기통을 뒤졌다. 가끔

쓰레기통에서 온전한 피자를 발견할 때도 있었기 때문이다. 피자와 치킨 그림을 그려 놓고 먹고 싶을 때마다 꺼내 보곤 하는 것이 그리미 씨의 하루 일과였다. 배고픔에 지쳐 어쩔 수 없을 때는 피자 가게 근처에 가서 앉아 있다 오곤 했다.

사실 그리미 씨는 아주 유명한 화가였다. 그가 칭찬하는 작품들은 순식간에 가치가 올라갔고, 조금이라도 비판을 하는 작품들은 미술계에서 소리 소문 없이 사라질 만큼 그리미 씨의 영향력은 대단했다. 이러한 명성 때문에 그는 갈수록 거만해져만 갔다. 그리미 씨의 이러한 거만함 때문에 미술계 사람들은 하나둘씩 등을 돌리기 시작했다.

“그리미는 너무 거만해, 어제도 나보고 글쎄 자기 구두를 닦아 오라고 그러지 않겠어. 나도 화간데 말이야.”

“그래서 해 줬어? 난 그 녀석이 커피를 타 오라고 해서 침 좀 뱉고 손가락 좀 넣고 그렇게 해서 줬어.”

동료 에밀리와 브라운이 말했다.

“나도 전시회에서 녀석 발을 걸어 넘어뜨려 줬어.”

인간성이 좋지 않았던 그리미에 대한 나쁜 소문들이 꼬리에 꼬리를 물고 퍼져 나갔다. 그리하여 그의 작품은 천재성은 있으나, 인간성이 가미되지 않은 작품으로 평가되기에 이르렀다. 좋지 않은 평가를 받는 작품을 소비자들이 반길 리 없었다. 그래서 그리미 씨의 작품은 점점 사람들이 찾지 않는 작품으로 낙인 찍혀 버렸다.

깻잎 머리를 한 에밀리가 말했다.

"그리미, 그렇게 될 줄 알았어, 내 이 탐스러운 깻잎 머리를 모욕하더니, 꼴좋다~"

"내 이 2대 8 가르마를 5대 5 가르마로 바꾸라고 하더니 쳇, 이젠 아무 말 못하겠지."

그리미 씨는 무언가 대책이 필요했다. 이러한 상황이 지속되다가는 자신의 화가 생활도 얼마 되지 않아 끝나버릴 것이 분명했다.

"지도 그리기 캠페인. 새로운 세상을 알리기 위한 화가 여러분들의 많은 참여 부탁드립니다."

그리미 씨는 지나가던 캠페인 문구를 보고 '저거다!' 싶었다. 미술계에서 가장 접근하기 어려워하는 부분이 바로 지도 분야였다. 화가들은 웬만해서 지도 그리는 일에 참여하기를 꺼렸다. 지도를 그리려면 실제 그 지역을 답사하여 측량까지 직접 해야 하기에, 그림을 그리는 일보다 훨씬 힘들었다. 하지만 지금 그리미 씨는 찬밥, 더운밥을 가릴 처지가 아니었다. 일단 지도 그리는 일을 통해 누구나 힘들어하는 일도 열심히 하는 모습을 보여 주어야만 자신의 손상된 이미지를 회복할 수 있을 것 같았다. 그리하여 그리미 씨는 지도 그리기 캠페인에 참여하기로 결정하였다.

그리미 씨가 지도 그리는 일을 시작하자, 미술계의 많은 인사들 사이에서 그에 대한 긍정적인 여론이 형성되기 시작했다.

"그리미의 올빽 머리가 풀렸다 싶었어."

"이제 자존심을 좀 버린다는 소리 아니겠니."

"그 올빽 머리 정말 거슬렸는데, 얼큰이에 머리까지 뒤로 다 넘겨 놓으니 얼굴밖에 안 보였어."

그리미의 스타일에 질색했던 브라운이 말했다.

"나도 사실 말은 못했지만 짱구가 따로 없었다니까."

"이제 머리도 내리고 좀 겸손하게 살아 봐야지, 그리미도."

그리미 씨의 지도 그리기 캠페인 참여 소식은 그의 예상대로 미술계 인사들에게 좋은 반응을 얻기 시작했다. 그래서 그리미 씨는 더더욱 지도 그리는 일을 포기할 수 없었다.

'이번에 또 한 번 보여줘서 앞으로는 맛있는 피자를 매일 먹겠어.'

그렇지만 지도 그리는 일은 생각만큼 쉬운 일이 아니었다. 자신이 원했던 대로 긍정적 반응을 얻긴 했지만, 그만큼 힘든 일이라는 것을 몸소 느낄 수 있었다.

더군다나 그리미 씨가 지도로 나타내야 하는 곳은 유난히 산이 많은 곳이었다.

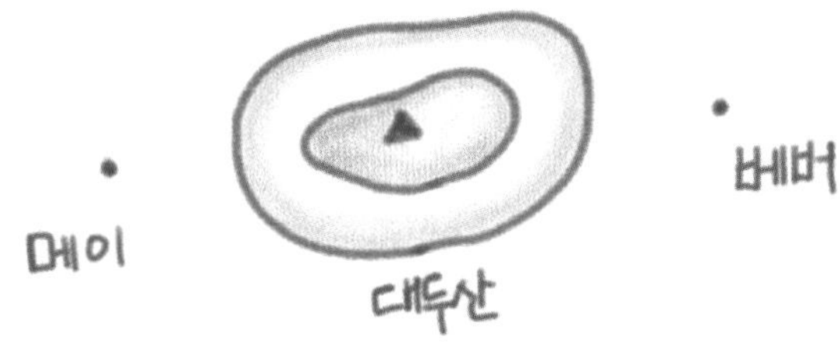

산 하나를 사이에 두고 메이 시와 베버 시가 있었는데, 그곳을 지도에 나타내야만 했다. 그러나 그리미 씨는 두 도시 사이의 거리를 가늠할 수도 없었기 때문에 어떻게 지도를 그려야 할지 알 수가 없었다.

'대체 화가가 왜 이런 일을 해야 하는 거야.'

'아냐, 이 일을 잘 해내면 피자를 매일 먹을 수도 있어.'

'그렇지만 메이 시랑 베버 시가 얼마나 떨어져 있는지도 모르는데 어떻게 지도에 나타내라는 거야.'

'잘 찾아봐, 잘만 하면 매일 치킨을 먹을 수 있다고.'

두 마음이 싸움을 하고 있었다.

한참을 고민하던 그리미 씨는 결국 지도 그리기 캠페인을 주관하는 곳에 전화를 걸어 진지하게 얘기하였다.

"음. 그러니까 말이죠. 내가 맡은 쪽은. 그래요, 어, 거기예요. 근데 지금 문제가 하나 생겼어요. 그 대두산을 사이에 두고, 그렇죠. 메이 시랑 베버 시 말이에요. 거기에 문제가 생겼다니까요. 거리를 모르니 지도를 그릴 수가 없잖아요. 그러니까 당연히 터널을 뚫어 줘야죠."

"이거 참 답답한 사람이시네. 거기에 터널을 왜 뚫어요. 화장실 변기 뚫는 것처럼 쉬운 게 아니라고요."

"아니, 지금 내가 나 좋자고 얘기하는 거예요?"

"당신 좋자고 하는 거잖아요."

티격태격 말이 화살처럼 오갔다.

"터널을 뚫지 않으면 거리를 알 수 없고, 거리를 모르는 채 지도를 그리면, 그건 엉터리잖아요. 난 엉터리 지도 따위는 만들고 싶지 않아요. 저 뒤끝 있거든요."

"저도 뒤끝 있거든요. 그냥 시킨 대로 해요."

"뭐라고요? 지금 장난쳐요. 그럼 산에 터널을 뚫고 구하는 방법 말고, 산을 사이에 두고 있는 두 도시 사이의 거리를 구하는 무슨 방법이 있단 말이에요."

그리미 씨는 지도 그리기 캠페인 측과 한 시간 넘게 실랑이를 벌였다. 그러고는 너무나 화가 났다.

'지금 내가 화가라고 감히 내 말을 무시하는 거야 뭐야. 난 이래 뵈도 잘나가는 화가였다구. 분명 이건 엉터리로 대충 지도를 만들란 말이지, 그 말이 아니면 뭐야. 이거 이제껏 순 엉터리로 일해 왔던 거 아냐?'

그리미 씨는 너무나 화가 났다. 자신을 무시하는 것 같은 발언에 화가 났고, 일부러 자신에게 그 지역을 지도에 그리라고 배정한 것 같아 화가 났다.

'이따위 지도라면 사양하겠어. 난, 소중하니까.'

그렇지만 일을 포기한다고 끝이 아니었다. 그리미 씨는 이 일을 해결하고 싶었다. 자신의 생각이 옳다는 것을 인정받아 더 이상 남들 앞에서 무시당하고 싶지 않았다. 그리하여 그리미 씨는 지도 그리기 캠페인 측을 상대로 수학법정에 고소를 하기에 이르렀다.

산으로 가로막혀 있는 두 도시 사이의 거리도
합동을 이용하면 쉽게 측정할 수 있습니다.

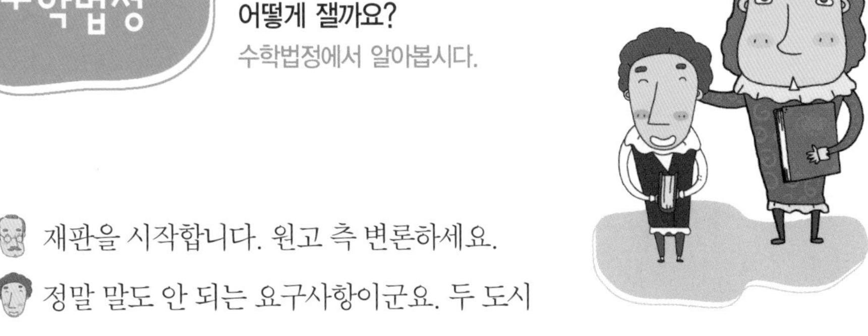

재판을 시작합니다. 원고 측 변론하세요.

정말 말도 안 되는 요구사항이군요. 두 도시 사이에 거대한 대두산이 떡 하니 버티고 있는데 어떻게 두 도시 사이의 거리를 재라는 겁니까? 산을 잠시 옆으로 치워 놓을 수도 없고 말이죠. 따라서 이번 사건은 그리미 씨에게 그릴 수 없는 지도를 그리게 한 지도 그리기 캠페인 측에 책임이 있다고 생각합니다.

피고 측 변론하세요.

도형의 합동과 관련하여 많은 논문을 발표한 하압동 박사를 증인으로 요청합니다.

노란 재킷을 입은 20대 후반의 얼짱 사내가 증인석에 앉았다.

이번 사건에 대한 파일은 검토하셨지요?

네.

그렇다면 메이 시와 베버 시 사이의 거리를 잴 수 없다는 원고 측 주장이 맞나요?

아닙니다. 잴 수 있습니다.

어떻게요? 산이 있지 않습니까?

도형의 합동을 이용하면 됩니다.

좀 더 구체적으로 설명해 주시겠습니까?

다음 그림을 보시죠.

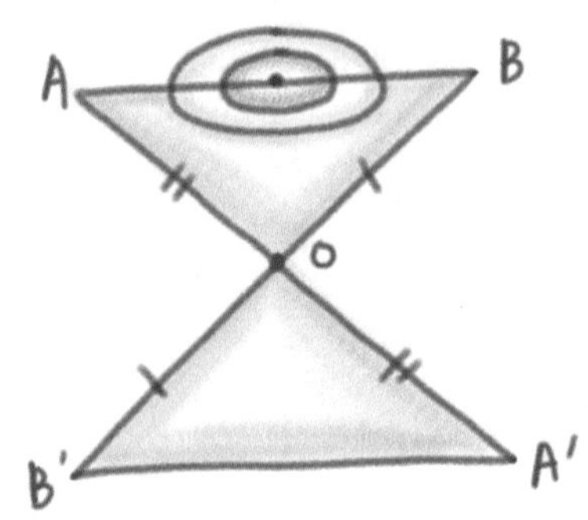

메이 시를 A라고 하고 베버 시를 B라고 하면 구해야 하는 길이는 선분 AB의 길이입니다. 이때 점 O를 대칭의 중심으로 한 두 점의 대칭점을 A′와 B′라고 하면, 삼각형 OAB와 삼각형 OA′B′는 합동인 삼각형이 됩니다. 그러면 대응하는 변의 길이가 같으므로 선분 AB의 길이는 선분 A′B′의 길이와 같아지지요. 그러므로 A′B′의 길이를 재면 두 도시 사이의 거리를 구할 수 있습니다.

브라보. 정말 대단한 방법입니다. 저는 증인의 증언으로 변론을 마칠까 합니다.

완벽한 해설이군요. 수학의 힘, 아니 합동의 힘이 이렇게 위대한 줄 그동안 미처 몰랐습니다. 이렇게 두 지점 사이의 거리를 구할 수 있는 방법이 있으므로, 그리미 씨의 주장은 의미가 없다고 생각합니다. 그러므로 그리미 씨는 합동을 이용해 두 도시 사이의 거리를 측정하여 계획대로 지도 그리는 일을 끝내야 한다고 판결합니다.

재판이 끝난 후 그리미 씨는 하압동 박사의 감수를 받아 두 도시 사이의 거리를 측량하는 데 성공했다. 이렇게 합동의 힘으로 모든 거리를 측량하여 지도가 완성되었다.

대칭의 중심

대칭의 중심이란 점이나 도형이 어느 한 점에서 점대칭이 될 때, 그 점을 이르는 말입니다.

섬까지의 거리

섬과 육지 사이의 거리를 잴 수 있을까요?

"에앵~~에앵~~."

"지금부터 훈련을 시작합니다. 전원 운동장으로 집합 바랍니다."

경보음이 울리면 과학공화국 공포의 286부대는 한바탕 소동을 벌인다.

"너 왜 내 속옷 입었냐? 니가 내 거 입어서 어제 빨려고 내놨던 팬티 다시 입었잖아."

"내 속옷이 모조리 없어졌어, 리나의 꽃자수가 있는 무적의 팬티였는데."

"마음이 아프겠구나. 짜식. 지금 입고 있는 내 팬티 니가 쭉 입어."

"고맙다 친구. 빨리 챙겨서 나가자."

그 정신없는 와중에도 크리스와 몽탁이는 속옷으로 우정을 쌓아가고 있었다.

과학공화국 공포의 286부대는 그 명성부터가 달랐다. 286부대는 말도 안 되는 힘든 일을 시켜도 그 일을 척척 해내기로 유명한 곳이었다.

그러던 어느 날 이 부대에 새로운 부대장이 부임했다. 새로 부임한 부대장은 대포부대에서 잔뼈가 굵은 이대포 대령으로, 그는 286부대의 포격 능력을 확인해 보고자 새로운 훈련 계획을 발표했다.

이대포 대령은 286부대의 포대장 대충쏴 대위를 방으로 불렀다.

"이번 포격 훈련은 실전처럼 이루어져야 합니다."

"어떤 훈련이죠?"

대충쏴 대위는 의아해하며 물었다.

"따라와 보면 알게 될 것이오."

이대포 대령은 대충쏴 대위와 286부대의 대포부대를 데리고 흘러강변으로 갔다.

"강에서 숨도 못 쉬게 하려나 봐. 수중 임무인가 봐."

"수중 임무는 맘에 들지 않는데."

"우리 같은 쫄병이 무슨 말을 하겠냐."

"어제 머리 새로 했는데, 스타일 구기게."

크리스와 몽탁이 말했다.

흘러강에는 홀로섬이라는 조그만 무인도가 하나 있는데, 홀로섬과 강변 사이는 물살이 거세 배를 타고 건너기에는 힘이 들었다.

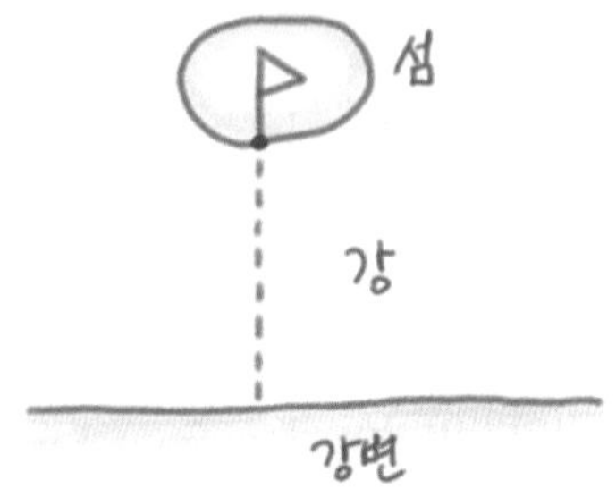

"저 섬에 깃발이 보이지? 섬에 가장 가까운 강변에서 대포를 쏴서 저 깃발을 명중시키는 게 이번 훈련 과제다."

이대포 대령이 말했다.

그리하여 286부대의 대포부대가 대충쏴 대위의 지휘 아래 강변에서 섬으로 대포를 쏘아 댔지만, 거리를 정확하게 알 수 없어서 열 발을 쏘는 동안 깃발을 단 한 번도 명중시키지 못했다.

"아니 지금 장난쳐?"

이대포 대령이 성난 얼굴로 말했다.

"장난치는 거 아녜요. 거리를 알아야 조준을 하죠."

"군인이 그것도 모른단 말인가? 기본이 안 되어 있어."

"알면 내가 왜 이 고생을 하겠습니까."

대충쏴는 어이가 없다는 표정을 지으며 대답했다.

"대충쏴 대위!!!!"

"대충 쏘지 말라면서요. 왜 또 대충 쏘래?"

이 사건으로 이대포 대령은 대충쏴 대위를 최전방 오지로 파견했다. 그러자 대충쏴 대위는 아무것도 일러 주지 않고 명령에 복종하라고만 했던 조치가 부당하다며 이대포 대령을 수학법정에 고소했다.

기준점을 중심으로 원래 삼각형의 세 꼭짓점의 대칭점을 연결하면 합동인 삼각형을 만들 수 있습니다.

섬과 육지 사이의 거리는 어떻게 알 수 있을까요?

수학법정에서 알아봅시다.

 재판을 시작합니다. 원고 측 변론하세요.

 거리를 모르는데 어떻게 대포를 겨냥하라는 겁니까? 대포에서 발사된 포탄은 포물선을 그리는데, 포탄의 속력을 알면 그것이 땅에 떨어지는 거리를 알 수 있습니다. 그리고 그 낙하지점은 포탄의 기울어진 각도에 따라 달라집니다. 그러므로 깃발까지의 거리를 이대포 대령이 알려 주었다면 대충쏴 대위는 그 거리에 포탄이 떨어질 수 있도록 대포의 각도를 맞출 수 있었을 것입니다. 그러므로 깃발까지의 거리를 알려 주지 않은 이대포 대위의 훈련 방법에 문제가 있다는 것이 본 변호사의 주장입니다.

우아! 수치 변호사가 다른 사람으로 보이네.

 저도요.

 이럴 때도 있어야죠.

 그럼 피고 측 변호사 변론하세요.

그동안 도형의 합동에 관한 재판을 많이 하여 저도 합동의 성질을 잘 알게 되었습니다. 그래서 이번에는 증인을 부르지 않고 제가 변론할까 합니다.

그러세요.

우선 거리를 알 수 없다는 원고 측 변호사의 주장은 사실이 아닙니다.

그 이유는 뭐죠?

합동을 이용하면 섬의 깃발과 육지 사이의 거리를 정확히 잴 수 있기 때문입니다.

그게 가능합니까?

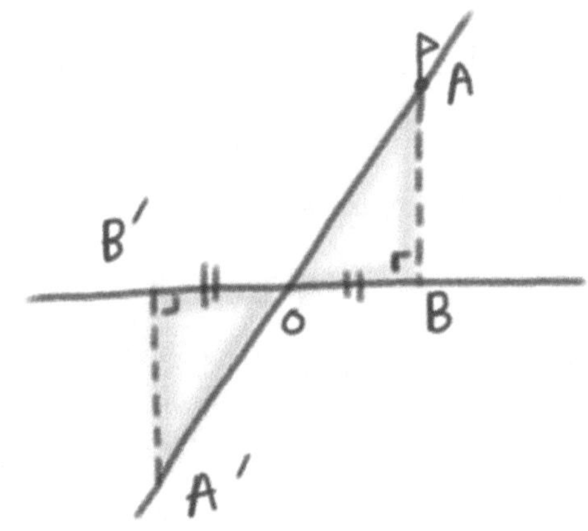

네. 다음 그림을 보시죠.

그림과 같이 깃발을 점 A, 육지에서 깃발에 제일 가까운 지점의 위치를 B라고 하면 우리가 알아야 할 거리는 선분 AB의 길이입니다. 이때 강변에 있는 점 O를 대칭의 중심으로 두 점의 대칭점을 만들면 그림과 같이 A′와 B′가 됩니다. 그런데 두 직각삼각형 OAB와 OA′B′는 서로 합동인 관계에 있으므로 두 선분 AB와 A′B′의 길이는 같아집니다. 그러므로 A′B′의 길이를 재면 섬과 육지 사이의 거리를 알 수 있는 것이지요. 그러므로 합동을 이용하여 섬까지의 거리를 측정하지 못한 대충쏴 대위는 수학 공부를 더 시킬 겸 오지 부대로 보낼 필요가 있다고 생각합니다.

피고 측 주장에 전적으로 동감합니다. 이렇게 구할 수 있는 거리를 노력도 해보지 않고 구하지 못한다고 단정을 짓는 것은 수학 공부에 좋은 태도가 아니라는 생각에서 원고의 주장을 인정하지 않기로 결정합니다.

수학성적 끌어올리기

교점과 교선

도형은 점, 선, 면으로 이루어져 있죠. 점, 선, 면은 각각 다음과 같이 요약할 수 있지요.

> ▶ **점** 모든 도형의 기본 구성 요소인 가장 단순한 도형으로서 위치만 있고 크기가 없다.
>
> ▶ **선** 점이 계속 움직여 이루어진 자취로 점 다음으로 단순한 도형의 구성 요소다. 길이와 위치는 있으나 넓이와 두께는 없다.
>
> ▶ **면** 사물의 겉으로 드러난 쪽의 평평한 바닥으로 선이 모여 면이 이뤄진다. 길이와 위치, 넓이가 있다.

선과 선이 만나면 무엇이 생기나요?

점이 생기죠. 이렇게 선과 선이 만나는 점을 교점이라고 해요.

그렇다면 교점이 생기지 않는 경우도 있나요? 다음을 보세요.

수학성적 끌어올리기

두 직선이 영원히 만나지 않는군요. 이럴 때 두 직선은 평행하다고 해요.

평면과 직선이 만나는 경우를 보죠.

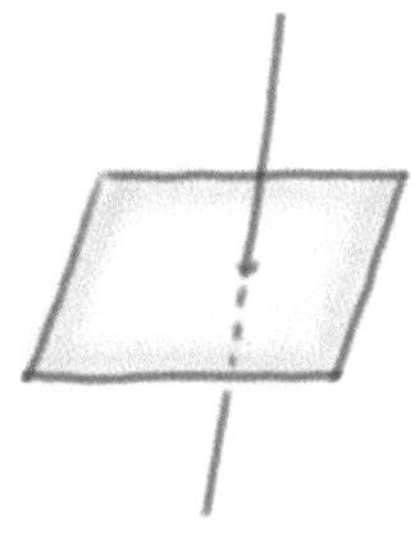

한 점에서 만나는군요. 이 점도 교점이라고 불러요. 그렇지만 평면과 직선이 만나지 않을 수도 있어요.

이때 평면과 직선은 서로 평행하다고 하지요.

평면과 평면이 만나는 경우를 보죠.

선이 생기는군요. 이 선을 교선이라고 불러요. 그렇지만 두 개의 평면이 평행하면 만나지 않으니까 교선이 생기지 않죠.

맞꼭지각이 같음을 증명

두 직선이 한 점에서 만날 때 다음과 같이 맞꼭지각이 생기죠.

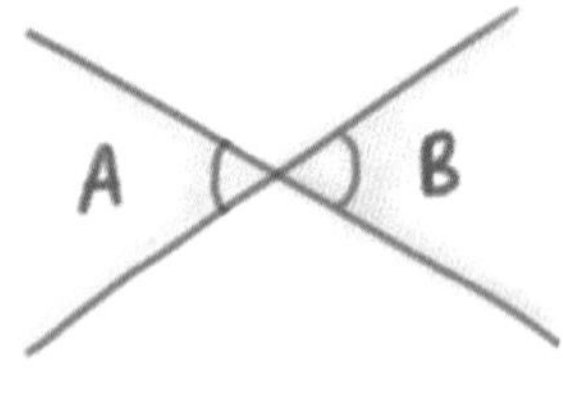

∠A 와 ∠B가 맞꼭지각이죠? 이제 맞꼭지각이 같다는 것을 증명해 보기로 하죠. 그러니까 ∠A = ∠B임을 보이면 되요. 다음 그림을 보죠.

수학성적 끌어올리기

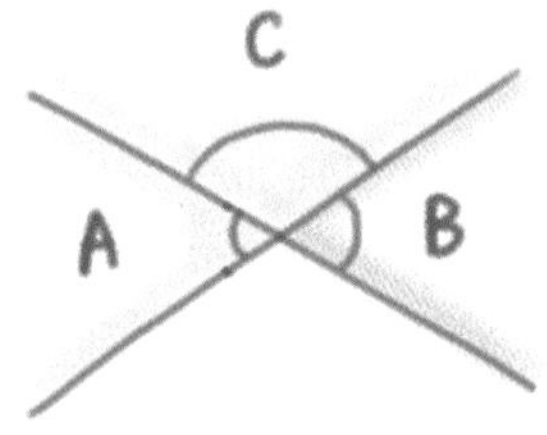

$\angle C+\angle B$는 일직선이니까 180° 이죠. 또, $\angle A+\angle C$도 일직선이니까 180° 이죠. 일직선이면 끼인각은 180° 이죠. 그러니까 다음과 같죠.

$\angle C+\angle B=180^\circ$

$\angle C+\angle A=180^\circ$

두 식에는 $\angle C$가 공통으로 들어 있군요. 그럼 위 식에서 아래 식을 빼주세요.

$\angle B-\angle A=0$

아하! 그래서 $\angle B=\angle A$가 되는군요.

수학성적 끌어올리기

평행선의 성질

평행선과 다른 한 직선이 만날 때 다음과 같은 중요한 성질이 있지요.

• 평행선과 직선이 만날 때 동위각은 같다.

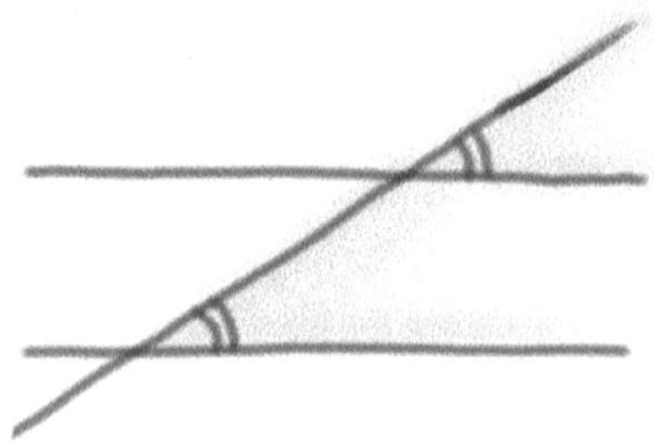

• 평행선과 직선이 만날 때 엇각은 같다.

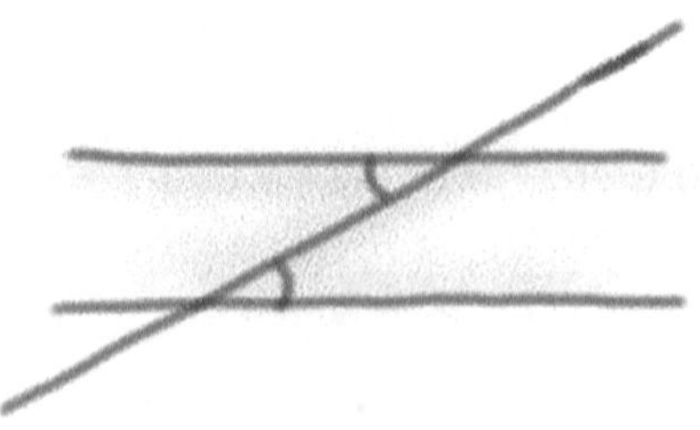

수학성적 끌어올리기

합동과 닮음

선대칭이나 점대칭을 한 도형은 서로 완전히 포개어지죠? 이렇게 두 도형이 완전히 포개어질 때 두 두형은 합동이라고 말하죠. 두 삼각형이 합동이면 다음과 같죠.

- 합동인 두 삼각형은 대응하는 세 변의 길이가 같고 세 각의 크기가 같다.

그리고 두 도형이 완전히 포개어지지는 않지만 닮은 모양일 때 두 도형은 닮음 관계에 있다고 말하죠.

수학성적 끌어올리기

이번에는 두 삼각형의 닮음 조건에 대해 알아보죠. 두 각이 같으면 두 삼각형은 닮음이지요.

다음 두 삼각형을 보죠.

두 삼각형은 닮았죠? 이때 닮은 두 삼각형은 대응각의 크기가 같고 대응변의 길이의 비가 같지요. 같은 위치에 있는 변과 각을 대응변과 대응각이라고 불러요. 그러니까 변 AB의 대응변은 변 A′B′이고 각 A의 대응각은 각 A′이지요. 즉 다음과 같아요.

[대응각]	[대응변]
$\angle A=\angle A'$	$\overline{AB}:\overline{A'B'}=\overline{BC}:\overline{B'C'}=\overline{AC}:\overline{A'C'}$
$\angle B=\angle B'$	
$\angle C=\angle C'$	

제2장

사각형에 관한 사건

사각형의 둘레 – 이상하게 생긴 담

여러 가지 사각형 – 가장 큰 양 우리

황금비 – 황금비 타월

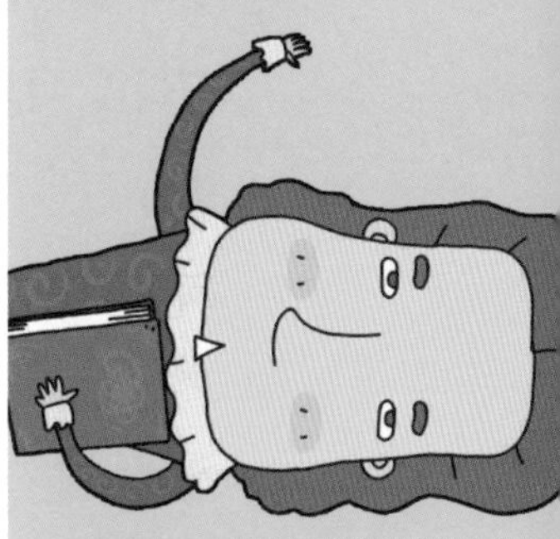

이상하게 생긴 담

자 없이 담의 길이를 잴 수 있을까요?

너르네 씨 부부는 대학 동창으로 만났다. 둘은 서로 깊이 사랑했다. 어느 눈 오는 날 눈사람을 만들어 온 너르네 씨가 눈사람 목에 있던 반지를 빼서 청혼을 했다.

"구리네, 나와 결혼해 주겠어?"

"흥."

"역시 결혼은 안 된다는 거야?"

"뻥이야. 내가 당신 사랑하는 거 알면서. 우리 애기 낳고 알콩달콩 행복하게 살아요."

그렇지만 불행히도 너르네 씨에게는 오랫동안 아기가 생기지 않았다. 너르네 씨 부부는 매일 밤 하느님께 예쁜 천사를 한 명만 보내 달라고 기도 드렸다. 너르네 씨는 결혼한 지 10년 만에 바라고 바라던 아기를 가지게 되었고, 이제는 그 사랑스러운 아기가 어느덧 여섯 살이 되었다. 사랑스러운 아기의 이름은 너스레였다. 너스레는 아빠를 무척이나 잘 따랐고, 조그만 일에도 쉽게 웃거나 울었지만 너르네 씨는 그런 딸의 모습 역시 너무나 사랑스러웠다. 너르네 씨는 너스레를 바라보면, 딸을 위해서라면 무슨 일이든 할 수 있을 거라고 생각하곤 하였다.

오늘도 너르네 씨는 너스레를 기다리며 창밖을 바라보고 있었다. 멀리서 유치원 버스가 한 대 서더니, 삐삐 머리를 한 너스레가 헐레벌떡 집으로 뛰어 왔다.

"아빠, 아빠. 나 오늘 유치원에서 얘기 들었는데, 꾸질이는 말야. 마당이 있는 집에서 산대. 그것도 무지 넓은 마당에서. 그렇게 안 생겼는데, 집이 진짜진짜 좋대. 꾸질이 녀석. 너무 좋겠지? 나도 마당이 넓은 집에서 살면 좋겠어."

너르네 씨는 너스레가 부러워하며 아빠에게 쫑알쫑알 떠들어 대는 그 이야기가 그냥 스쳐 지나가지지 않았다. 너스레는 자신의 얘기를 마치자마자 방으로 쪼르르 뛰어갔지만, 너르네 씨는 너스레의 이야기를 되새기며 어디론가 전화를 걸었다.

"저 거기, 부동산이죠? 우리 애기가 마당이 넓은 집에서 살고 싶다고 하는데, 마당이 넓은 집 하나만 좀 알아봐 주겠소. 빨리 말이오."

"으흠. 갑작스레 집을 구해 달라 부탁하시니…… 가만 보자. 아, 괜찮은 집이 하나 있긴 한데, 마당 테두리가 계단식으로 되어 있어서."

"괜찮소. 넓기만 하면 되오. 아이가 맘껏 뛰어놀 수 있는 공간으로 말이오."

"좋습니다. 그럼 조만간에 한번 보러 오실는지요."

"내일 당장 가겠습니다."

너르네 씨는 그 다음 날 너스레가 유치원을 가자마자 집을 보러 부동산으로 향했다. 부동산 아저씨는 미리 부동산 앞에서 너르네 씨가 오기를 기다리고 있었다. 그렇게 부동산에서 20분쯤 걸었을까? 마침내 마당이 넓은 집이 나타났다.

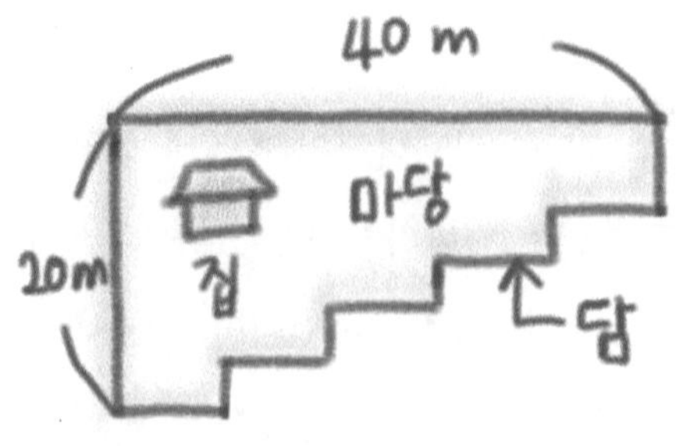

"이 집입니까?"

"네, 너르네 씨. 어떠신지요? 마음에 드십니까? 이게 그래도 제일 괜찮은 가격에, 가장 넓은 마당을 갖춘 집인지라."

"좋습니다. 무척 마음에 드는군요. 근데 마당이 무언가 삭막한 느낌이 들기는 하는데……."

"아, 그건 말이죠. 아마도 마당을 둘러싸고 있는 담이 온통 딱딱한 시멘트로 이루어져서 그럴 겁니다. 나무를 심으시면 훨씬 넓고 온화해 보일걸요."

"아하. 그렇군요. 그럼 한 2미터마다 나무를 한 그루씩 심으면 괜찮겠지요?"

"역시 안목이 탁월하십니다. 암요, 그럼요."

너르네 씨는 이 넓은 마당을 보며 너무나도 행복해할 너스레를 떠올리며 마냥 행복하기만 했다. 그리고 이왕이면 따듯하고 포근한 느낌의 마당을 딸에게 선물하고 싶었다. 그래서 나중에 나무를 다 심고 나면, 너스레에게 이 집을 이야기하고 직접 데리고 와서 보여 줘야겠다고 생각했다.

갑작스런 이사에다 2미터마다 한 그루씩 나무를 심는 것이 만만한 일은 아니었다. 엄청난 돈과 시간이 드는 일이었다. 그러나 너스레를 위한 일이라면 뭐든 할 수 있는 너르네 씨에게 그 정도는 아무것도 아니었다.

삭막한 마당을 둘러싸고 있는 담에다가 나무를 심기 위해 화원에 전화를 걸어서 나무를 심을 사람들을 보내 달라고 부탁했다.

"화원에서 왔는데요."

"아, 어서 오세요. 지금 이 마당에 나무를 심으려고 하거든요."

"정말 멋진 마당이네요. 나무를 심으면 훨씬 멋있어질 거예요."

"그렇죠? 우리 딸을 위해 준비하고 있는 선물이랍니다. 그러니까 잘 심어 주셔야 해요."

"물론이지요. 그럼 어떻게 심어 드릴까요?"

"2미터마다 한 그루씩 심으면 마당 규모에 알맞게 나무가 배치될 것 같은데."

"아, 그러시군요. 그 정도야 가뿐하지요. 아, 그런데 한쪽 마당이 계단식이네요. 총 둘레가 얼마지요?"

"그러니까, 뒤쪽 벽은 40미터, 왼쪽 담은 20미터인데, 아래쪽이랑 오른쪽 담은 몇 미터인지 모르겠네요. 계단식 담인지라 얼만지 계산하기가 쉽지 않네요."

"으흠. 그럼 자가 필요하겠군요. 그래야 정확히 2미터마다 한 그루씩 심을 수 있지요."

"아, 수고스러우셔서 어떡하나요?"

"아닙니다. 어차피 자를 가지러 다시 갔다 오는 교통비는 너르네 씨가 부담하실 텐데요. 뭐."

"네? 제가 부담한다고요?"

"그럼요. 당연하지요. 지금 괜히 왔다 갔다 고생스럽게 시키시는 건데 교통비는 너르네 씨가 내시는 게 당연하지요."

"아니, 말도 안 돼요. 그럼 자를 가지고 오지 말든지요. 나는 교통비를 지급할 수 없습니다."

"그럼, 자도 없이 우리가 담의 길이를 어떻게 잰단 말입니까? 이런 식으로 하실 겁니까?"

"그건 당신네들 사정이지요, 난 교통비는 단 한 푼도 지불할 생각이 없으니 알아서들 하십시오."

"뭐라고요? 이런 말도 안 되는 경우가 어디 있습니까?"

"누가 할 소릴!"

"자 없이 담의 길이를 그럼 어떻게 구하란 말입니까."

"그럼 자 없이 구할 방법을 스스로 찾아야지요."

결국 너르네 씨와 화원에서 온 사람의 대화는 더욱 거칠어졌다. 화가 난 너르네 씨와 화원 사람들의 감정의 골은 더욱 깊어졌고, 결국 두 사람은 수학법정에 오르게 되었다.

너르네 씨 집 담처럼 하나의 선분으로 연결되지 않는 경우에도 담의 각 선분을 평행으로 이동시킨 뒤 합하면 담의 전체 둘레를 구할 수 있습니다.

이상하게 생긴 담의 둘레를 어떻게 잴 수 있을까요?

수학법정에서 알아봅시다.

재판을 시작합니다. 우선 화원 측 변호인 변론하세요.

너르네 씨 집 담은 오른쪽 부분이 계단 모양으로 생겨 있어 둘레를 잴 수 있는 공식이 없습니다. 물론 이 담의 모양이 사각형도 아니고요. 이렇게 규칙이 없는데 어떻게 자 없이 담의 길이를 잴 수 있겠습니까?

그럼 너르네 씨의 변호사 변론하세요.

물론 너르네 씨 집 담이 이상한 모습이라는 점은 인정합니다. 하지만 선분의 이동으로 이 담의 둘레를 잴 수 있습니다.

무슨 말이죠? 좀 자세히 알기 쉽게 설명해 주세요.

지금부터 너르네 씨 집 담의 둘레와 길이가 같은 사각형을 만들어 보겠습니다.

가능할까요?

다음 그림을 보시죠.

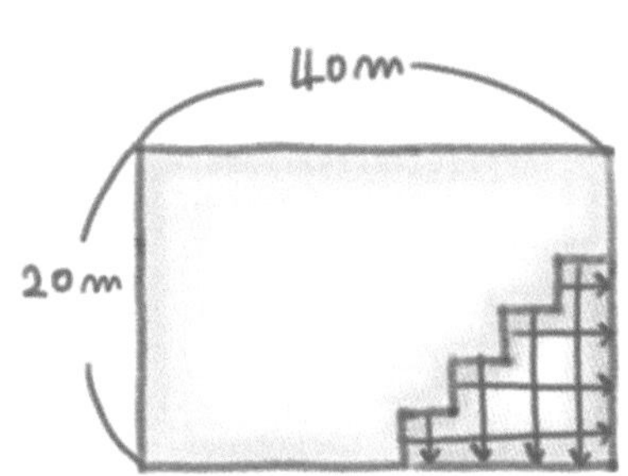

우와! 정말 직사각형이 되었어. 어떤 마술을 부린 거요?

마술이 아니라 수학입니다. 계

선분 AB의 의미는?

직선상의 두 점을 A, B라 할 때 A, B를 양끝으로 하는 선분을 선분 AB라 합니다.

단 모양의 변을 바깥쪽으로 이동시키면 결국 너르네 씨 집 담의 둘레는 가로 40미터, 세로 20미터인 직사각형의 둘레와 같다는 사실을 알 수 있습니다.

그럼 120미터인가?

그렇습니다. 그러니까 2미터마다 나무를 심으면 120÷2=60이므로 60그루의 나무가 필요하다는 계산이 나옵니다.

정말 대단하군! 그럼 판결하겠습니다. 너르네 씨의 변호사가 설명한 대로, 너르네 씨 집 담의 길이를 잴 수 있는 방법이 있었네요. 따라서 화원 측의 주장은 근거가 없으므로 이번 사건은 너르네 씨의 주장이 옳았다고 판결합니다.

가장 큰 양 우리

둘레가 일정할 때 어떤 모양의 사각형이 가장 넓을까요?

해보라이 산은 양치기가 자주 바뀌는 곳으로 유명했다. 양을 돌보는 일이 쉬울 거라고 생각하지만, 무슨 영문에서인지 이 산에 온 양치기치고 3개월을 넘기는 사람이 없었다. 해보라이 산의 주인은 해보께 할아버지였다. 양치기 소년들이 삼 개월을 넘기지 못하는 일이 많아지자 할아버지는 걱정이 이만저만이 아니었다.

그러던 어느 날 할아버지가 산에서 내려와 장을 보다가 집 없는 소년을 만나게 되었다. 소년의 이름은 쉬프림이었다. 소년은 할아버지를 보자마자 똥침을 놓고 부리나케 도망가던 길이었다. 하지만 소년의 달음질로는 할아버지의 추격을 뿌리칠 수 없었다.

"이 녀석, 어디 어른 엉덩이에 똥침을 해?"

"잘못했어요. 어른들에게 똥침을 10번 놓으면 엄마 아빠를 만날 수 있대요."

"엄마 아빠가 안 계시니?"

"네, 어릴 때부터 없었으예."

"그럼 누구랑 사노?"

"그냥 여기저기 떠돌아다니지예."

할아버지는 시장 사람들에게 쉬프림에 대해 이것저것 물어보았다. 시장 사람들은 입을 모아 쉬프림을 똥침 소년이라고 했다. 불쌍하긴 하지만 장사를 하기도 바빠 죽겠는데 너무 자주 똥침을 놓아서 귀찮다고 했다.

"정말 이모나 고모 같은 사람들도 없나?"

"네, 전 어릴 때부터 혼자 있었으예. 배가 고프면 시장에서 버려진 음식을 먹고, 잠이 오면 빈 창고에 가서 자면 돼지예."

"이 할애비랑 같이 가서 살래?"

"그라믄 배부르게 밥 줍니꺼?"

"하모하모. 산에 가서 양도 키우고 따뜻한 데서 잠도 자고 그래 살자."

이렇게 쉬프림은 할아버지와 살게 되었다. 아무 재주도 없을 것 같아 보였던 쉬프림은 양 치는 재능이 뛰어났다. 그리하여 쉬프림은 그 산의 최고 양치기 소년이 되었다. 이제 쉬프림은 양치기 소년들 중 이곳에서 가장 오래 일을 한 소년이 되었다. 다섯 살 때 할아버지의 손에 이끌려 해보라이 산으로 온 쉬프림은 그 뒤로 쭈욱 할아버지를 도와 양 치는 일을 해온 것이다.

"할배요. 우리 지금 어디 가는교?"

"쓸데읎는 소리 마라. 니는 인자 할배만 믿고 따라오믄 되는기다."

"그니까 으디 가는교?"

"해보라이 산이다. 거기는 양만 있고 못되 빠져뿐 인간들이랑은 얼씬도 안 하는 곳이닌께 걱정 말그래이."

"할배요. 내는 부모님 안 찾고 그냥 할배랑 살아도 괜찮은교?"

"뭐라 카노. 잔말 말고 따라오그래이."

쉬프림은 그렇게 양이 가득한 그 산에 처음으로 가게 되었다. 그곳은 온통 하얀 세상이었다. 하얀 양들에 둘러싸여 있노라면 마치 영화의 주인공이 된 듯했다. 양들과 함께 뛰고, 자고, 놀고…… 그렇게 쉬프림은 자연스럽게 양치기가 되어 갔다.

어느새 그의 나이 열일곱. 분명 10년이 넘는 양치기 생활에 지칠 법도 한데, 쉬프림은 전혀 그런 기색이 없었다. 해보라이 산에서 가장 씩씩하고, 가장 열심히, 그리고 가장 양을 사랑하는 소년이었다.

그러던 그에게 갑작스런 슬픔이 찾아왔다. 정정하시기만 하던 할아버지가 갑작스레 돌아가신 것이다.

"할배요. 이게 무슨 일인교. 아프면 아프다고 야기를 했었어야지

예. 이게. 할배요."

"쉬……프림…… 양들을 잘 부탁하마. 내가 말이다…… 울타리를 만들어 주려고…… 울타리도 하나 주문해 놨는데……."

"할배요. 할배요. 죽으면 안 됩니더. 할배요."

쉬프림은 그렇게 할아버지의 목숨이 사그라져 가는 그곳에서 울부짖었다. 그렇지만 쉬프림이 점점 힘들어하시는 할아버지를 위해 해 줄 수 있는 거라곤 아무것도 없었다.

그렇게 며칠을 멍하니 보냈다. 해보라이 산에서 가장 부지런하고 가장 양을 사랑하는 모범적인 양치기였지만, 그 어떤 일도 손에 잡힐 리 없었다. 그러던 쉬프림에게 누군가 찾아왔다.

"저, 쉬프림 씨, 할아버지가 특별히 양들을 위해서 준비해 놓은 울타리를 가지고 왔는데요."

"예? 우리 할배가…… 죽기 전에 했던 그 말……."

"양들이 들어갈 딱 알맞은 크기를 제작해 달라고 하셨어요. 그래서 총 길이 20미터로 만들 수 있는 가장 넓은 울타리를 만들었습니다. 일직선으로 되어 있으니 접어서 사각형을 만들면 됩니다."

"아, 정말예? 우리 할배가 양들에게 주는 마지막 선물인갑예."

쉬프림은 할아버지가 양들을 위해 주문한 울타리를 조심스레 받았다. 그러고는 할아버지를 생각하며 다시 양을 돌보기 위해 나갔다.

그렇게 다시 쉬프림은 예전의 쉬프림으로 돌아왔다. 양을 너무나 사랑하고 부지런한 쉬프림. 그는 할아버지가 남긴 울타리를 한시라도 빨리 치고 싶었다. 분명 양을 너무나도 사랑하신 할아버지는 양들에게 딱 맞는 울타리를 주문했을 것이 틀림없었다.

쉬프림은 양들이 잠자는 틈을 타, 울타리를 접기 시작했다. 가로 6미터, 세로 4미터로 접었더니, 20미터의 일직선 울타리가 멋지게 직사각형 울타리로 완성되었다.

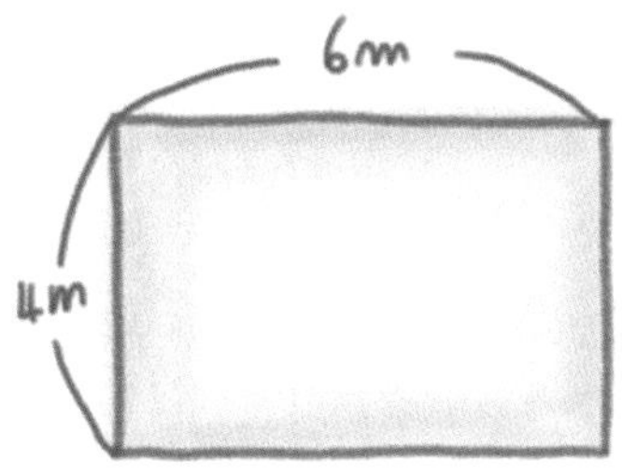

"역시 할배야. 양들이 무지 좋아하겠데이."

아침이 밝자, 쉬프림은 누구보다 일찍 일어났다. 그러고는 양들을 울타리에 한 마리씩 한 마리씩 넣기 시작했다. 양의 수와 울타리의 크기가 거의 맞는 것 같았다. 그런데, 딱 한 마리, 양 한 마리가 울타리 안에 들어갈 틈이 없었다. 한 마리만 더 넣으면 되기에 1제곱미터만 더 있으면 되는데, 딱 그만큼이 모자랐다.

쉬프림은 아무리 생각해도 할아버지가 그렇게 허술하게 울타리를 주문했을 리가 없다고 생각했다. 할아버지는 자신보다 더 양에게 애정을 쏟으신 분인데, 울타리의 길이를 계산하는 데 실수를 하셨으

리라고는 생각할 수 없었다.

'이상한 일이네. 분명 할아버지는 양들 수에 딱 맞는 울타리를 제작해 달라고 부탁했을 텐데. 그럼 혹시 20미터가 아닌 게 아닐까? 철사가 아까워서 몰래 1미터를 뗀 건 아닐까?'

쉬프림은 울타리 문제로 고민하다 보니 문득 울타리 제조 회사 측이 의심스러워졌다. 재료를 아끼기 위해 울타리를 더 짧게 만들어서 주었을 수도 있겠다는 생각이 들었다. 혹시 하는 생각이 점점 꼬리를 물더니, 쉬프림은 이제 울타리 제조 회사 측이 울타리 길이를 줄인 것이라고 확신하게 되었다. 그래서 화를 참다 참다 참지 못한 쉬프림은 결국 울타리 제조 회사 측을 상대로 수학법정에 고소를 하게 되었다.

둘레가 일정한 사각형들 가운데 넓이가
가장 큰 형태의 사각형은 정사각형입니다.

둘레가 일정할 때 어떤 모양의 사각형이 가장 넓을까요?

수학법정에서 알아봅시다.

둘레가 일정할 때 어떤 모양의 사각형이 가장 넓을까요? 수학법정에서 알아봅시다.

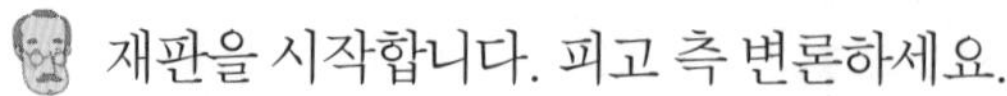
재판을 시작합니다. 피고 측 변론하세요.

울타리 제조 회사는 최선을 다했습니다. 그래서 가로와 세로가 가장 아름다운 비인 3:2 비율의 직사각형 모양으로 우리를 만든 거죠?

3:2가 가장 아름다운 비인 이유는 뭐죠?

제가 개인적으로 좋아하는 비율이기 때문입니다.

말도 안 되는 얘기군!

그건 판사님 생각이고요. 저는 저의 판단을 믿습니다. 따라서 이번 사건에 울타리 제조 회사는 아무 책임이 없습니다.

원고 측 변론하세요.

지금 필요한 넓이는 양 한 마리가 더 들어갈 수 있을 정도인 1제곱미터입니다. 이 넓이는 울타리 제조 회사가 설계를 똑바로 했다면 얼마든지 만들 수 있습니다.

어떻게 만들죠?

이 담장은 둘레가 20미터로 일정한 조립식 담장입니다. 그리고 1미터마다 꺾을 수 있고요.

그렇지요.

그럼 다음 그림과 같이 담장을 만들었다고 해보죠.

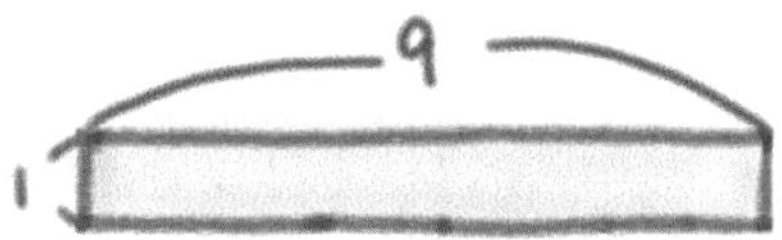

넓이가 얼마죠?

9죠.

그럼 다음과 같이 만들면요?

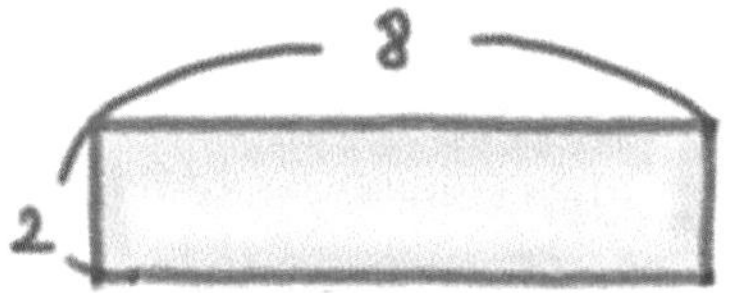

16이죠.

그럼 다음 그림과 같이 만들면요?

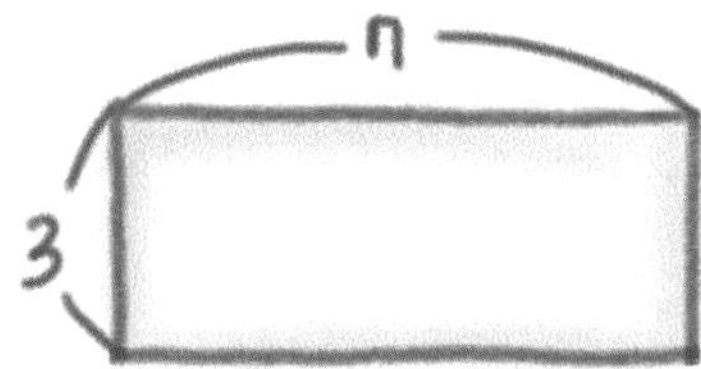

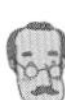 21이죠.

그럼 다음 그림과 같이 만들면요?

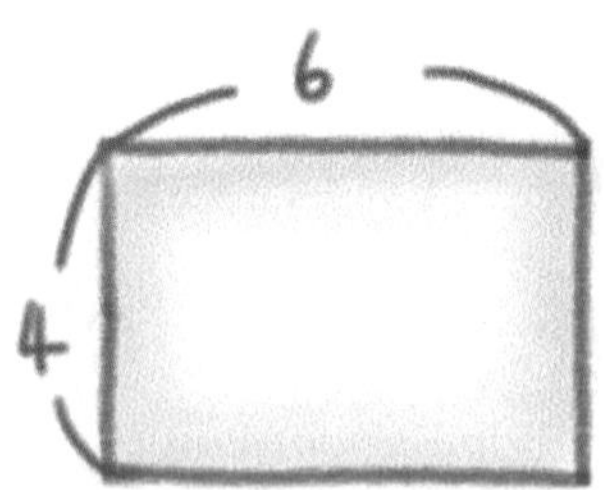

24죠.

그럼 다음 그림과 같이 만들면요?

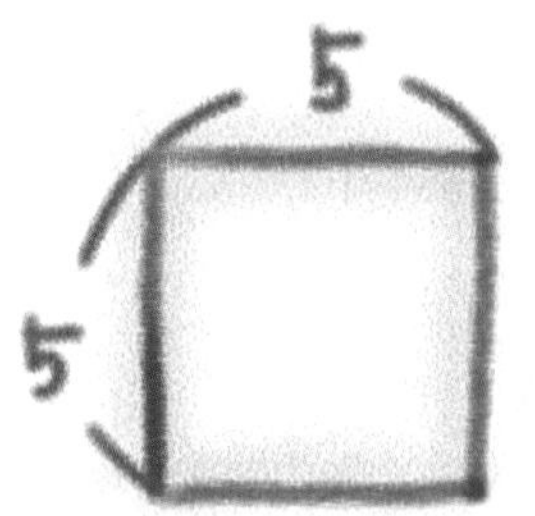

25죠. 헉! 정말 1이 늘어났네!

그렇습니다. 둘레가 일정한 사각형 중에서 정사각형이 가장 넓습니다. 이것을 울타리 제조 회사가 몰랐던 거죠.

그렇군요. 그럼 판결은 간단합니다. 울타리 제조 회사는 앞으로 조립식 담장을 이용하여 사각형 울타리를 만들 때 가장 넓게 만들기 위해서는 정사각형이 되어야 한다는 것을 명심하기 바랍니다.

황금비 타월

황금비 타월을 더 작은 황금비 타월로 만들 수 있을까요?

유난히 땀을 많이 흘리는 그레이스는 달리기 대회가 있는 날이면 체육시간이 너무 부담스러웠다. 그레이스는 남들과는 달리 한 번 뛰고 나면 온몸이 젖어서 미키마우스가 하수구에 빠진 꼴이 되고 말았다. 더구나 스타일에 살고 스타일에 죽는 그레이스로서는 달리기를 하는 게 정말 내키지 않는 일이었다.

"이 쨍쨍한 햇살 아래서 뻘뻘 땀 흘리며 뛰는 건 너무 원시적이야. 난 달리고 싶지 않아."

온갖 우아를 떨며 앉아 있는 그레이스를 지켜보시던 선생님이 딱 한마디 하셨다.

"웃기고 있네. 뛰어."

호각이 울리자 그레이스도 어쩔 수 없이 달리기 시작했다. 결과는 물론 꼴찌였다.

꼴찌를 하고도 생색은 다 내는 그레이스였다.

"이렇게 품위 없이 달리기나 하다니 이건 정말 내가 원한 모습이 아니야. 어유, 힘들어."

자신의 차례가 끝나자마자 그레이스는 수도로 가서 흘러내리는 땀을 씻어내기에 바빴다.

"역시, 땀은 불쾌하기 그지없어. 짜증 지대로다."

한참을 씻고 나서 얼굴을 닦으려 하는데 수건이 없었다.

"이건 우아한 그레이스에게는 어울리지 않는 일이잖아."

수건이 없어 곤란해하고 있던 그때, 반짝 하고 빛이 보이더니 학교의 최고 얼짱 테리우스 오빠가 꽃무늬 수건을 건네주었다. 순간 그레이스의 눈은 하트로 변해 버렸다.

"고.고.고.고마워요."

"이런 걸 가지고 뭘."

찡긋 윙크를 날려 주는 테리우스 오빠의 미소에 그레이스는 저도 모르게 기절을 하고야 말았다. 눈을 떴을 때는 테리우스 오빠는 온데간데없었다. 그 이후로도 그레이스는 테리우스 오빠를 볼 수 없었다. 대신 그레이스는 테리우스 오빠가 남기고 간 수건을 만들어 팔면서 오빠를 찾아보기로 했다. 어른이 된 그레이스는 프린세스 타월 가게를 냈다.

프린세스 타월 가게는 오늘도 여전히 사람들로 북적였다. 엄청난 인기였다. 처음 프린세스 타월 가게를 열었을 때는 이렇게 장사가 잘될 줄 몰랐다. 꾀죄죄한 간판에 협소한 공간, 그리고 평범하기만 한 타월이 사람들에게 이렇게까지 인기를 끌지 몰랐다.

"저 가게 뭐야? 이름 봤어? 겉은 꾸지리 한데, 간판은 프린세스 타월 가게래. 푸웃. 정말 웃겨."

"야, 완전 언밸런스다. 어떻게 제목이랑 스타일이 저렇게 다를까. 왜 프린세스 타월 가게라고 했을까? 정말 알 수가 없어."

이런 모든 사람들의 예상을 깨고 프린세스 타월 가게가 엄청나게 성공을 거둔 것은, 놀라운 수학적 비밀이 숨어 있었기 때문이다.

프린세스 타월 가게는 이제껏 관행처럼 여겨지던 타월의 규격을 깨고, 새로운 규격의 타월에 과감히 도전했다. 가로 1.618미터, 세로 1미터, 이제껏 본 적 없는 새로운 규격의 타월이었기에 사람들의 반응 역시 신선했다. 게다가 이러한 1.618:1이라는 비율을 보고 사람들은 '황금비'라 부르며 열렬히 환호했다. 너무나도 안정적으로 보이는 타월의 규격 때문인지 사람들은 특별한 문양도 없고 유명한 회사에서 만든 제품이 아닌 프린세스 타월을 한 장, 두 장씩 사 가기 시작했다.

"프린세스 타월 봤어? 그거 정말 은근히 매력 있더라."

"그러게. 정말 타월 비율이 딱 맞아. 황금비야. 황금비."

그러던 중 프린세스 타월 가게에 까탈스럽기로 유명한 금미칠 씨가 들렀다.

"이봐요. 이봐요."

"아, 예. 타월은 저쪽 편에 있는 것 중에 고르셔서 나중에 계산하실 때 말씀하시면 되는데."

"나도 그 정도는 안다고요. 내가 바보로 보여요? 네?"

"아니. 그게 아니라. 그럼 왜 저를 부르셨는지?"

"그러니까. 지금 이 타월들이 전부 다 가로는 1.618미터, 세로는 1미터 다 이거 아니에요?"

"그렇지요."

"아니, 무슨 타월로 온몸을 덮을 일 있어요. 난 똑같은 비율로, 그러니까 그 황금비가 뭔가 하는 거 있죠?"

"1.618:1 말씀하시는 거죠?"

"예. 그 비율로 이 타월보다 더 작은 타월을 만들어 줘요."

"아, 그건 안 되겠는데요. 손님."

"허. 뭐라고요? 지금 손님이 왕인 이런 세상에 안 되는 게 어디 있어요? 당장 더 작은 타월을 만들어 달란 말이에요."

"죄송한데, 지금 저희 가게에는 자가 없어서요. 비율에 맞게 자르려면 자로 재서 정확하게 해야 하는데, 자가 없으니."

"아니, 그럼 지금 자도 하나 구비해 놓지 않고서 타월을 팔고 있었단 말이에요."

"자는 타월을 팔 때 필요한 것은 아니지요. 이렇게 까탈스러운 손님만 오시지 않는다면 말이죠."

"뭐라고요!"

"아니, 뭐."

"그럼 지금 당장 자를 사 와서 잘라 줘요. 지금 당장요!"

"정 원하시면 그렇게 하지요. 하지만 그럼 자 값을 지불하셔야 합니다."

"뭐라고요? 뭐, 이런 가게가 다 있어. 아니, 당신들이 필요한 자를 왜 내가 내 돈 들여서 지불해 가며 타월을 사야 하는 거죠?"

"그럼 사지 말든지요."

"뭐라고요. 지금 이러고도 서비스 정신이 투철한 가게라고 할 수 있는 거예요. 내가 어디 가만있을 줄 알아요."

화가 난 금미칠 씨는 씩씩대면서 그대로 프린세스 타월 가게에서 나갔다. 그리고 며칠 뒤, 프린세스 타월 가게에는 금미칠 씨가 낸 수학법정의 소환장이 날아들었다.

가로:세로의 비가 1.618:1이 되는 비율을 황금비라고 합니다.
황금비의 가로 비는 원래 무리수지만 보통
소수점 셋째 자리까지만 나타냅니다.

황금비를 이루는 직사각형에서 다시 황금비를 이루는 작은 직사각형을 만드는 방법은 뭘까요?

수학법정에서 알아봅시다.

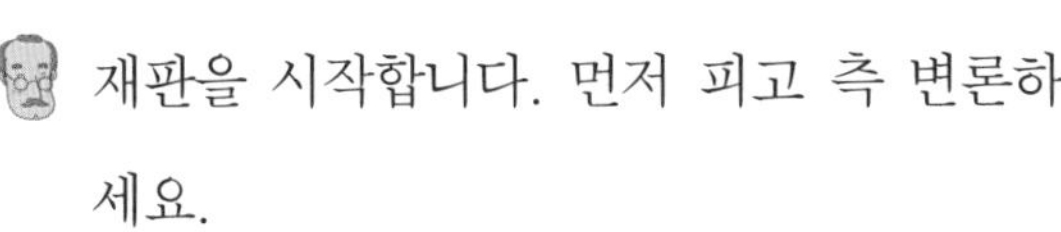

재판을 시작합니다. 먼저 피고 측 변론하세요.

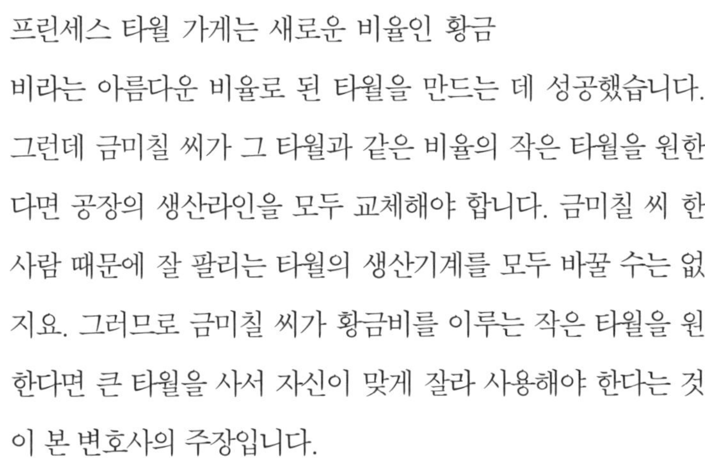

프린세스 타월 가게는 새로운 비율인 황금비라는 아름다운 비율로 된 타월을 만드는 데 성공했습니다. 그런데 금미칠 씨가 그 타월과 같은 비율의 작은 타월을 원한다면 공장의 생산라인을 모두 교체해야 합니다. 금미칠 씨 한 사람 때문에 잘 팔리는 타월의 생산기계를 모두 바꿀 수는 없지요. 그러므로 금미칠 씨가 황금비를 이루는 작은 타월을 원한다면 큰 타월을 사서 자신이 맞게 잘라 사용해야 한다는 것이 본 변호사의 주장입니다.

원고 측 변론하세요.

황금비 연구소의 반짝이 소장을 증인으로 요청합니다.

대머리에 금테 안경을 써서 안경에 반사된 빛이 훤한 머리에서 다시 반사되어 나오는 50대 남자가 증인석에 앉았다.

황금비라는 게 뭐죠?

황금비의 유래

황금비는 이집트인들이 처음 발견했습니다. 이집트인들은 1.618:1의 비율을 가장 아름답고 이상적인 분할이라고 생각했습니다. 그들이 발견해 낸 황금비는 후에 그리스문화에 지대한 영향을 끼쳐 그리스의 조각, 건축, 회화 등에 적용되었습니다.
플라톤은 황금비를 '이 세상 삼라만상을 지배하는 힘의 비밀을 푸는 열쇠'라고 했으며, 시인 단테는 '신이 만든 예술품'이라고 극찬했습니다. 그리고 오늘날까지도 많은 사람들이 미적으로 뛰어난 비율이라고 인식하고 있습니다.

황금비가 사용된 예로는 뭐가 있을까?

파르테논 신전, 피라미드, 신용카드, 비너스상, 성냥갑 등이 황금비를 활용해 만들어진 것들입니다.

1.618:1의 비율을 말합니다.

그게 왜 황금비죠?

예로부터 수학자들은 가로 길이와 세로 길이의 비가 1.618:1이 되는 직사각형이 가장 아름다운 사각형이라고 생각했습니다. 그래서 이 비율을 황금비라고 부르지요.

그렇군요. 그럼 황금비율을 가진 직사각형에서 황금비율을 가진 작은 직사각형을 만들 수는 없나요?

간단한 방법이 있습니다.

그게 뭐죠?

다음 직사각형을 보죠.

그림처럼 세로의 길이를 한 변으로 하는 정사각형을 만들 수 있어요. 두 개의 타월을 수직으로 만나게 하면 되지요.

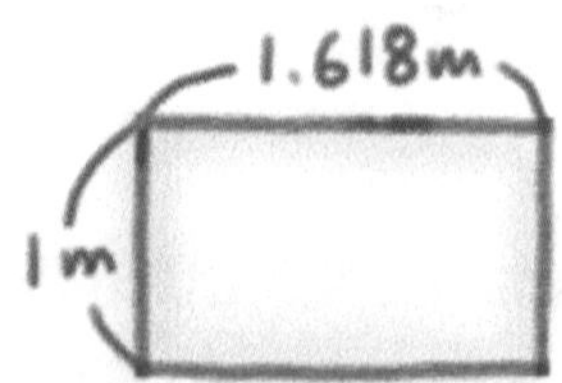

이렇게 하여 한 변의 길이가 1미터인 정사각형 부분을 오려 내면 남아 있는 직사각형은 다시 황금비율을 가진 직사각형이 됩니다.

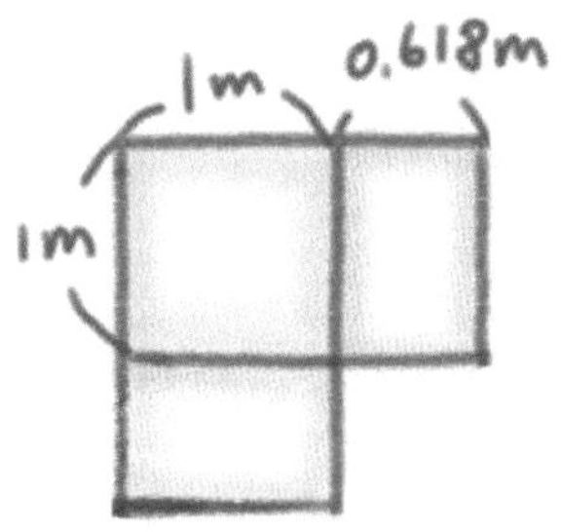

아하! 그런 방법으로 계속 자르면 점점 작은 황금비율의 직사각형을 만들 수 있겠군요.

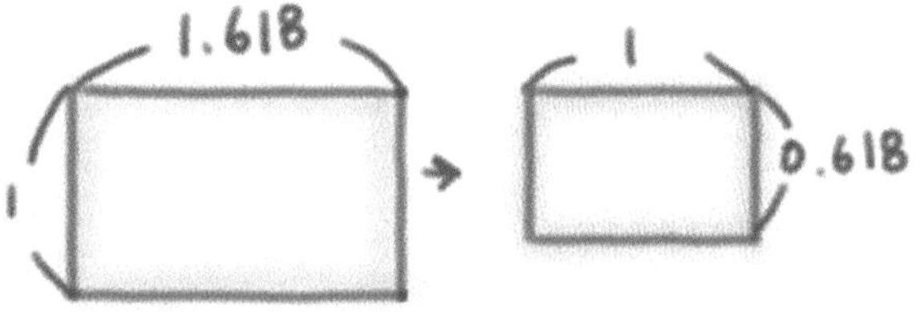

그렇습니다.

간단한 방법이 있었군요. 그렇다면 이 재판은 볼 것도 없이 원고 측이 이겼습니다. 앞으로 황금비를 이용하여 타월이나 종이를 만드는 회사는 이 방법을 이용하여 다양한 크기의 타월이나 종이를 만들기를 바랍니다.

수학성적 끌어올리기

삼각형의 결정

삼각형이 되기 위해서는 다음 성질을 만족해야 해요.

- 삼각형에서 제일 긴 변의 길이가 나머지 두 변의 길이의 합보다 작다.

만일 제일 긴 변의 길이가 다른 두 변의 길이의 합과 같거나 크면 삼각형이 만들어지지 않죠.

수학성적 끌어올리기

삼각형의 세 각의 합

삼각형의 세 각의 합이 180°라는 것을 증명해 볼게요. 삼각형의 밑변과 평행한 직선을 다음과 같이 그리세요.

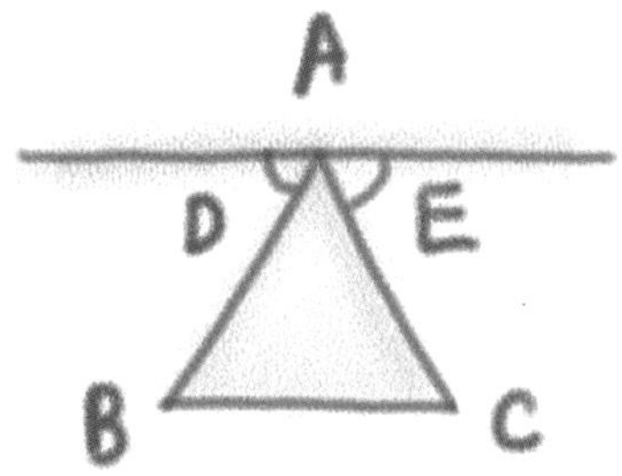

∠D+∠A+∠E는 일직선이니까 180°이죠. ∠D와 ∠B는 엇각이고 엇각끼리는 같으니까 ∠D=∠B이죠. 마찬가지로 ∠E와 ∠C도 엇각이니까 ∠E=∠C이죠.

아하! ∠D+∠A+∠E=180°이고 ∠D=∠B, ∠E=∠C이니까 ∠B+∠A+∠C=180°가 되는군요.

사각형의 네 각의 합

그럼 사각형의 네 각의 합은 얼마일까요? 사각형을 대각선을 따라 잘라보세요.

삼각형이 두 개가 생기는군요. 삼각형 두 개의 세 각의 합을 더하면 사각형의 네 각의 합이 되니까 사각형의 네 각의 합은 삼각형의 세 각의 합의 두 배가 되요. 그러니까 사각형의 네 각의 합은 360° 죠.

오각형은 3개의 삼각형으로 잘라지니까 오각형의 다섯 각의 합은 삼각형의 세 각의 합의 세 배가 되요. 그러니까 540° 가 되죠.

수학성적 끌어올리기

여러 가지 사각형

사각형은 네 개의 선분으로 둘러싸여 있죠. 그럼 여러 가지 사각형에 대해 정리해 보죠.

- 사다리꼴 : 한 쌍의 변이 평행인 사각형
- 평행사변형 : 두 쌍의 변이 평행한 사각형

평행사변형은 한 쌍의 변이 평행하니까 사다리꼴이에요.

- 마름모 : 네 변의 길이가 같은 사각형

평행사변형에서 변의 길이가 모두 같으면 마름모가 되지요.

- 직사각형 : 네 각이 모두 직각인 사각형

평행사변형에서 네 각이 같으면 직사각형이 되죠.

수학성적 끌어올리기

• 정사각형: 네 변의 길이가 같고 네 각이 모두 직각인 사각형

마름모에서 네 각이 같아지거나 직사각형에서 네 변의 길이가 같아지면 정사각형이 되죠. 정사각형에는 다음과 같은 재미있는 성질이 있어요.

• 정사각형의 두 대각선은 길이가 같고 서로 직각으로 만난다.

수학성적 끌어올리기

사각형의 개수

크고 작은 사각형의 개수를 구하는 방법을 알아보죠. 다음 그림을 봐요.

여기서 크고 작은 사각형은 다음과 같지요.

4+4+1=9이니까 아홉 개가 되는군요. 이것을 다음과 같이 생각

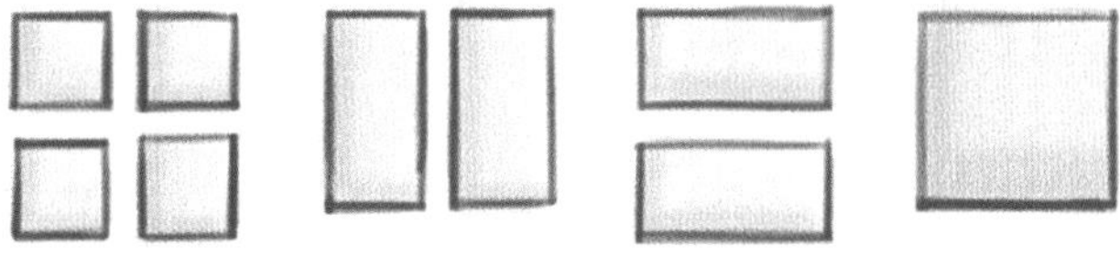

할 수 있어요. 사각형은 가로선 두 개와 세로선 두 개를 선택하면 만들 수 있지요. 예를 들면 다음과 같이…….

수학성적 끌어올리기

가로선 두 개를 택하는 방법은 다음과 같지요.

세 가지이군요. 마찬가지로 세로선 두 개를 택하는 방법은 다음과 같지요.

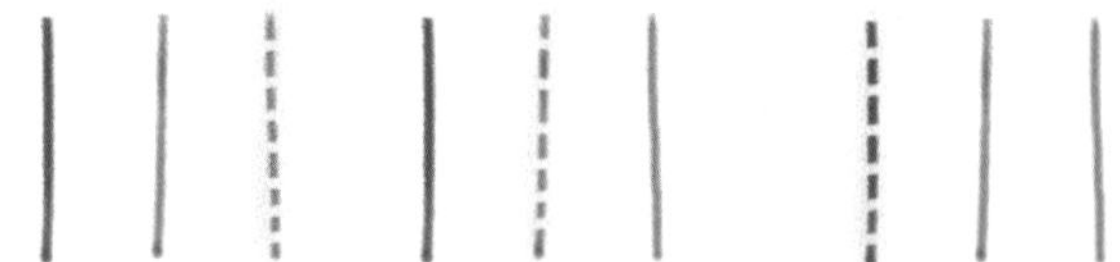

역시 세 가지이군요. 그러니까 사각형을 서로 다르게 만드는 방법은 $3\times3=9$(가지)가 되지요.

제3장

피타고라스 정리에 관한 사건

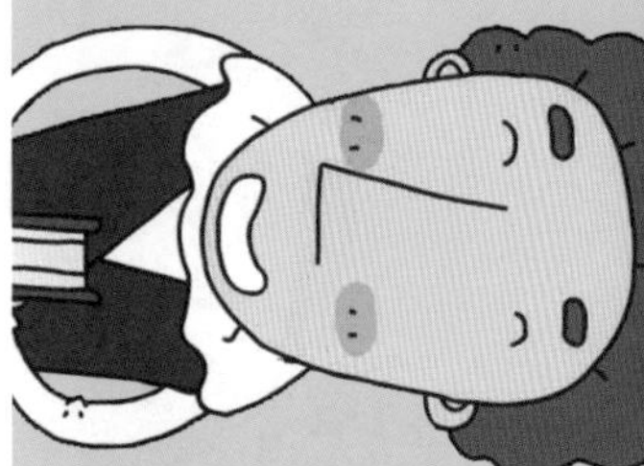

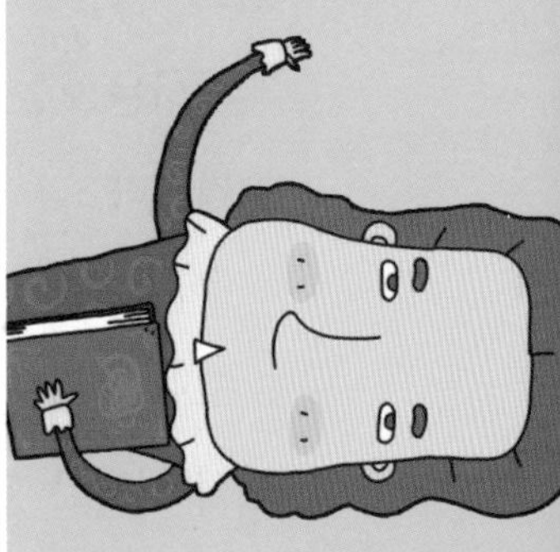

무리수의 발견 – **제곱이 2가 되는 수**

피타고라스 정리의 활용① – **대각선으로 자는 침대**

피타고라스 정리의 활용② – **재활용 정사각형**

제곱이 2가 되는 수

제곱해서 2가 되는 수가 있을까요?

꺼벙하기로 유명한 피터는 누가 뭐래도 수학을 너무나 사랑하는 수학자였다. 하는 짓은 늘 엉뚱하고, 엉성하지만 그래도 그는 누구보다 수학을 좋아했다.

피터는 오늘도 학교 가는 길에 멍하니 보도블록의 수를 세어 보며 생각했다.

'이 보도블록은 학교까지 총 몇 개로 이루어져 있을까?'

그런 의문점이 들기 시작하면 피터는 꼭 그 다음 날 바로 직접 부딪혀 봐야만 했다. 그래서 첫날 피터는 하나하나 보도블록을 밟아

가며 총 몇 개인지 세어 보았다. 물론 답은 간단히 구할 수 있었다. 총 2302개. 비록 하나하나 밟으면서 가는 바람에 학교는 세 시간이나 늦게 가야 했지만, 피터는 자신이 궁금한 것을 해결했다는 생각에 매우 뿌듯했다. 그리고 둘째 날 피터는 문득 이런 생각이 들었다.

'아냐, 일일이 밟지 않아도 가로, 세로의 수만 구해서 가면 보도블록이 몇 개인지 알 수 있잖아.'

그래서 피터는 이제 가로 10개, 세로 230개, 그리고 튀어나온 보도블록 2개를 합쳐 총 2302개의 보도블록이 있다는 것을 알게 되었다.

그렇게 궁금한 것은 일단 부딪혀서 해결해 보고, 그것에서 다시 수학적 원리를 찾는 아이가 바로 피터였다. 그러나 분명 똑똑한 아이임에도 선생님들은 피터를 거의 인정해 주지 않았다. 피터는 수학 공식을 100개쯤 외울 수 있는 시간에 공식 하나를 이해하기 위해 끙끙대는 아이라고 바보 취급을 했다. 그래도 피터는 굴하지 않았다. 그냥 그렇게 고민하는 과정이 재밌었다. 그게 피터에게는 기쁨이었다.

그러던 중 피터는 학교에서 제곱수를 공부하게 되었다. 삼촌이 제곱수에 대해서는 그 전에 얘기해 준 적이 있었던지라, 절로 수업시간이 기대되었다.

$1^2=1$

$2^2=4$

$3^2=9$

$4^2=16$

선생님은 열심히 칠판에 식을 써 내려갔다. 다른 아이들은 일제히 노트에 적느라고 정신이 없었지만, 피터는 뚫어져라 칠판을 쳐다보고 있었다. 그러고는 손을 번쩍 들었다.

"선생님, 질문 있어요?"

"그래, 누구니? 맙소사. 또 피터 너니. 이 말썽꾸러기. 뭐가 궁금한데?"

"제가 듣기로 제곱하면 2가 되는 수가 있다고 들었거든요."

"누가 그래?"

"우리 삼촌이 그랬어요. 제곱해서 2가 되는 수 있다고."

"삼촌은 얼짱이시니?"

"제가 더 잘생겼어요. 그리고 결혼했어요."

"아. 예~."

"그래? 그럼 칠판에 적어 놓은 것 중에서 제곱해서 2가 되는 것이 있니?"

"아뇨. 거기엔 없죠."

"그럼 네 생각엔 선생님이 있는데도 안 가르쳐 줬겠니? 아님, 없겠니?"

"있는데도 안 가르쳐 줬겠죠."

"뭐! 피터, 그러니까 늘 혼이 나는 거야. 넌 나가서 손들고 무릎 꿇고 있어!"

"아닌데. 분명 삼촌이 있다고 했는데……."

"얼른 못 나가!"

그렇게 피터는 수학 선생님에게 또 혼이 나야만 했다. 분명 피터는 삼촌이 있다고 얘기하기에 누구의 말이 맞는 건지 물어본 것뿐인데, 괜히 화내는 선생님이 미웠다. 그렇게 눈물이 핑 돈 채로, 복도에서 한 시간이 넘도록 손을 들고 벌을 서야만 했다. 수업을 마치고 터덜터덜 집에 가는 길도 전처럼 신나지 않았다. 2302개의 보도블록을 밟아 보아도, 즐겁지 않았다. 어깨가 한껏 축 처진 채로 피터는 집으로 돌아가고 있었다.

"어이, 그 어깨 움츠린 남자 아이는 대체 누구신고?"

"어어. 삼촌!"

"싸랑하는 내 천재 조카님이셨군."

피터는 삼촌을 보자 반가움에, 아니 오늘 수학 시간에 당한 서러움에 눈물이 핑 돌았다.

"피터, 학교에서 무슨 일 있었어? 왜 그래?"

"훌쩍. 삼촌 그게 아니라. 엉. 삼촌이 나한테 제곱해서 2가 되는 수가 있다고 그랬잖아."

"그럼. 그럼."

"근데 선생님이 그런 건 없대. 그래서 오늘 말도 안 되는 소리 했다고 혼나고 벌섰어."

"뭐? 무슨 그런 선생님이 다 있어? 제곱해서 2가 되는 수가 왜 없어. 이 사람, 이거 안 되겠고만."

씩씩대던 피터의 삼촌은 다음 날 피터와 함께 학교로 찾아갔다. 노처녀 선생님은 순간 당황하는 듯 보였다.

"저, 누구신지?"

"아니, 이 봐요. 우리 피터에게 제곱해서 2가 되는 수가 없다고 했다면서요."

"어머, 그 말도 안 되는 얘길 이 말썽꾸러기 피터에게 해 주신, 피터가 자기보다 못생겼다고 한 삼촌이신가 보군요."

"그러는 선생님도 만만치 않으신데 왜 그러세요. 지금 그 꽃무늬 셔츠에 터질 것 같은 바지가 어울린다고 생각하세요?"

"뭐, 뭐, 뭐라고요?"

"피터 너 이 녀석. 그래도 내가 너보단 낫지 않냐? 여튼 제가 피터 삼촌입니다."

두 사람은 만남부터 소란스러웠다.

"당연히 없죠. 제곱해서 2가 되는 수가 어디 있어요. 안 그래도 산만하고 정신없는 애를 제발 쓸데없는 애기까지 해 줘서 머리 복잡하게 만들지 말라고요."

"아니, 수학 선생님 맞아요? 왜 제곱해서 2가 되는 수가 없어요?"

"없죠. 1은 제곱하면 1, 2는 제곱하면 4, 3은 제곱하면 9라고요. 제곱해서 2가 되는 수가 어디 있어요?"

"그래요. 좋아요. 두고 봅시다."

피터의 삼촌은 화를 내며 학교 밖으로 나왔다. 그러고는 수학법정에 시시비비를 가려 달라며 편지를 보냈다. 제곱하여 2가 되는 수가 있는지 없는지. 결국 교실 안의 사소한 수학이 법정에 올라서 시시비비를 가리게 되는 놀라운 일이 발생하였다.

$x^2=2$에서 x^2의 의미는 x를 제곱,

즉 x를 두 번 곱했을 때의 값이 2가 되는 수를 뜻합니다.

제곱하여 2가 되는 수가 있을까요?

수학법정에서 알아봅시다.

재판을 시작합니다. 선생님 측 변호사 변론하세요.

수학 선생님이 수학을 틀릴 리 있나요? 나는 수학 선생님을 어릴 때부터 좋아해서 지금의 내가 되었어요.

지금의 당신이 뭔데요?

수학 변호사 아닙니까?

당신은 거의 수학꽝이잖아? 낙하산으로 들어와 놓고는…… .

흡…… .

그럼 피터군의 삼촌 측 변론을 들어 봅시다.

있습니다.

뭐가 있다는 거요?

제곱하여 2가 되는 수 말입니다.

어떤 수지요?

간단하게 보여 줄 수 있습니다.

그럼 보여 주시오.

다음 그림을 보시죠.

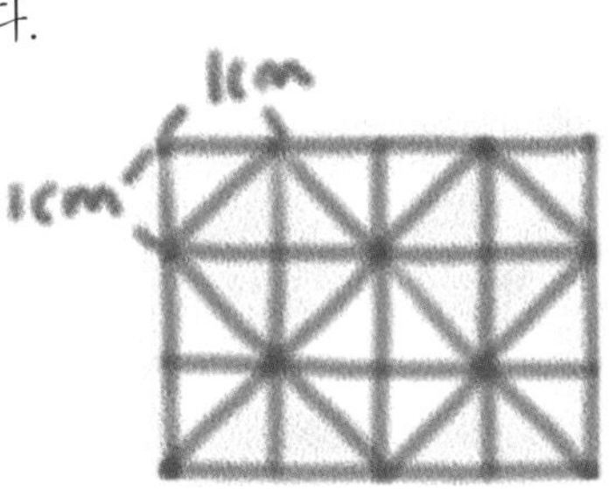

무리수란 뭘까?

실수 중에서 유리수가 아닌 수이며, 두 정수 a와 b(b≠0)를 $\frac{a}{b}$의 꼴로 나타낼 수 없는 수를 말합니다.

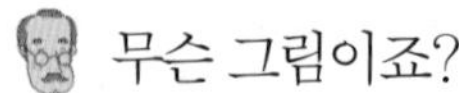

무슨 그림이죠?

위 그림에는 작은 정사각형이 열두 개가 있습니다. 그런데 사선으로 자르면 두 개의 직각삼각형이 됩니다. 작은 정사각형의 한 변의 길이를 1센티미터라고 하지요. 그럼 작은 정사각형의 넓이는 얼마죠?

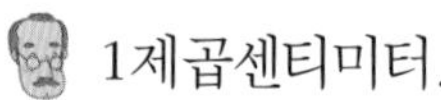

1제곱센티미터.

그럼 작은 직각삼각형의 넓이는요?

0.5제곱센티미터죠.

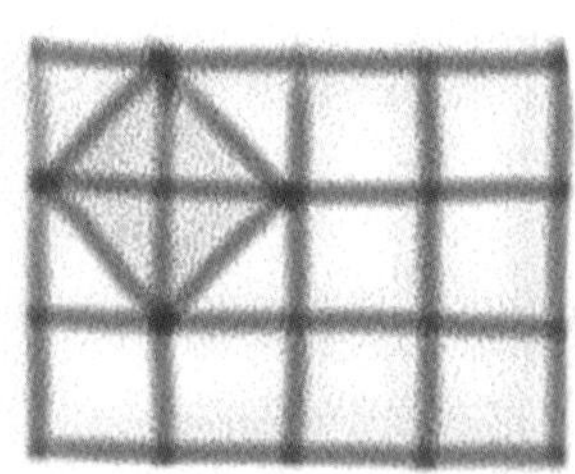

좋습니다. 그럼 다음 그림을 보죠.

빗금 친 부분의 넓이는 얼마죠?

가만, 작은 직각삼각형 하나의 넓이가 0.5제곱센티미터이고 그 게 네 개 들어있으니까 2제곱센티미터가 되는군요.

바로 그겁니다. 빗금 친 도형은 네 변의 길이가 같고 내각의 크

기가 모두 직각이므로 정사각형입니다. 이 정사각형의 한 변의 길이를 □라고 하면 이 정사각형의 넓이는 $□^2$이 되지요. 이것이 2와 같으니까 결국 제곱을 하여 2가 되는 수가 실제로 존재한다는 것을 뜻합니다. 그러므로 피터 삼촌의 주장이 옳다고 생각합니다.

유리수란 뭘까?

실수 중에서 정수와 분수를 일컬으며, 두 정수 a와 b(b≠0)를 $\frac{a}{b}$의 꼴로 나타낼 수 있는 수를 말합니다.

눈으로 봤으니 인정할 수밖에 없군요. 앞으로 수학 선생님들에 대한 테스트를 꾸준히 실시하고 선생님들이 좀 더 많은 연구와 공부를 할 수 있도록 하는 법안을 관계기관과 협의하겠습니다.

대각선으로 자는 침대

키보다 길이가 작은 침대에서 다리를 펴고 잘 수 있을까요?

"오늘 구구 팀 대 팔팔 팀 경기 아주 기대되는 경기예요."

"팔팔 팀은 매년 구구 팀을 상대로 선전하지만 역시 구구 팀을 따라잡기엔 무리가 좀 있어요."

"아, 말씀드리는 순간 구구 팀 선수들이 입장하고 있습니다."

"관객석이 난리 났네요. 역시 구구 팀 인기는 당해낼 수가 없어요."

아나운서들이 농구 경기 중계에 목에 핏대를 올리고 있었다.

"반면 팔팔 팀 응원석 썰렁하죠. 시베리아 벌판 같아요."

"와~~와~~ 토리 짱~~."

"이 선수 이제 등장했네요. 역시 관중석 분위기부터 다른 토리 선수입니다."

"팬 서비스인가요. 토리 선수 손을 살짝 흔들어 보이는데요. 역시 센스 있는 선수예요."

과학공화국에도 농구 시즌이 돌아왔다. 유난히 다른 운동 경기보다 농구는 인기가 높았다. 직사각형의 코트를 뛰어다니는 농구 선수들의 땀 흘리는 모습은 사람들을 매혹시키기에 충분했다.

그중에 가장 인기가 많은 팀은 구구 팀이었다. 무엇을 해도 멋있는 구구 팀은 10대에서 40대에 이르기까지 폭넓은 팬 층을 확보하고 있었다. 특히 그중에서도 가장 주목을 받고 있는 선수는 토리였다.

토리는 최근 구구 팀에 스카우트되어 혜성처럼 나타난 선수로, 유난히 큰 키에 깔끔한 외모까지 갖추어 벌써부터 많은 언론들이 그를 주목하고 있었다.

구구 팀은 요즘 5연승의 신화를 이어가고 있었으며, 그 주역은 단연 토리였다. 토리의 키는 무려 250센티미터! 토리가 한 번 공을 잡았다 하면, 무조건 슛으로 연결되는 건 어찌 보면 당연한 일이었다. 그 어떤 선수보다 크다는 엄청난 장점 덕분에, 그는 농구 최정예 멤버들만 뽑아서 경쟁을 하는 베스트 바스켓볼 축제에 초청받은 최연소 농구선수가 되었다.

베스트 바스켓볼 축제는 농구를 사랑하는 이들이 그 어떤 농구 경기보다 기대하는 축제였다. 1년 동안 성적이 우수한 농구 선수 최정

예 멤버를 열 명 뽑아서, 다섯 명씩 두 팀으로 짜서 경기를 하는 축제였다. 물론 농구 경기였지만, 농구의 꽃이라 불리는 선수들이 총망라하여 나오는 경기인지라, 사람들에게는 축제라는 표현이 더욱 익숙했다. 베스트 바스켓볼 축제는 이제 농구를 사랑하는 팬들이 가장 기다리는 경기가 되어 버렸다.

토리 역시 베스트 바스켓볼 축제에 초청되었기 때문에, 축제가 열리는 동부의 제이곱 시에 가야만 했다. 하지만, 토리는 제이곱 시에 한 번도 가 본 적이 없었기 때문에, 현지 상태를 확인하고 경기에 뛰기 위해서 축제가 열리기 하루 전날 일찍 제이곱 시로 떠났다.

토리는 제이곱 시의 어디에 묵어야 할지 고민하였다. 그러다가 가장 멋지게 간판을 반짝이고 있는 스타 호텔에 들어가게 되었다.

"어머, 이게 누구예요? 따라올 테면 따라와 봐 토리 선수죠? 경기 너무 잘 보고 있어요."

"세상에, 키 정말 크시다. 이 우람한 팔뚝 딴딴한 것 좀 봐."

"제가 좀 합니다."

팬들의 시선을 의식한 토리 선수가 찡긋 윙크를 날렸다.

우르르 토리를 둘러싸고 있던 팬들은 그의 살인 윙크에 픽픽 쓰러졌다.

"저 방 하나 주세요. 근데 저, 제가 키가 커서 그런데 제일 큰 침대로 주세요."

"걱정 마세요. 근데 키가 얼마신지?"

"250센티미터인데요."

"어머, 잘생긴 데다가 키도 이렇게 크고, 정말 토리 선수 왕 팬이에요. 근데 250센티미터라고요? 으흠. 그런 큰 침대가 있나."

스타 호텔의 주인은 호들갑을 떨며 토리 선수를 무척이나 반겨주었다. 그런데 문제는 토리 선수가 충분히 다리를 뻗고 잘 수 있는 침대가 없었다. 토리 선수의 키는 250센티미터인데, 스타 호텔에서 가장 큰 침대는 가로가 1미터에 세로가 240센티미터였다.

"어머, 이를 어쩌죠. 그냥 다리를 좀 구부리고 주무시면 안 될까요?"

"제가 어릴 때부터 다리를 쭉 펴고 곧게 자는 데 익숙한지라, 구부려서는 잠들 수가 없는데……."

"어머, 그럼 이를 어떡하나?"

스타 호텔의 주인은 당황하여 어쩔 줄 몰라 했다. 그런데 그때였다.

"어머, 토리 선수 아니에요? 베스트 바스켓볼 축제 때문에 오셨구나. 저희 호텔이 훨씬 좋아요. 저희 호텔에서 묵으세요."

스타 호텔 옆에 있는 반짝 호텔의 사장이 지나가다 토리 선수를 보고서는 소리를 지르며 달려 들어온 것이다.

"지금 스타 호텔이 맘에 안 드셔서 머뭇거리고 계신 거 아니에요? 제가 아까 밖에서 살짝 들어 보니, 다리를 구부리고는 못 주무신다면서요? 저희 호텔에 가세요. 다리를 쭉 펴고 주무시게 해드릴 테니까요."

"아니, 반짝 호텔 사장! 지금 뭐하는 짓이야! 토리 선수는 우리 호텔을 찾은 고객이라고. 그리고 반짝 호텔 역시 제일 큰 침대가 가로 1미터 세로 240센티미터인 우리 침대랑 똑같은 거잖아. 근데 어떻게 토리 선수가 다리를 쭉 뻗고 자게 해드릴 수 있어? 어디서, 말도 안 되는 소릴 하는 거야!"

"어머, 무슨 소리야. 두고 봐. 난 토리 선수가 우리 침대에서 다리를 쭉 뻗고 자게 해 줄 수 있다니까."

스타 호텔과 반짝 호텔은 토리 선수를 자신의 호텔에 묵게 하기 위하여 아옹다옹 다투기 시작하였다. 어느새 두 호텔 사장 모두 토리 선수는 신경도 안 쓰고 언성이 높아지기 시작했다.

"어디서 거짓말이야. 뭘, 그 속셈 뻔하지 뭐. 키가 250센티미터인 사람을 어떻게 세로가 240센티미터밖에 안 되는 침대에서 다리를 쭉 뻗고 자게 해 줄 수 있단 말이야. 말도 안 돼."

"할 수 있다니까. 너나 신경 쓰세요. 난 할 수 있어."

"이런 식으로 하면, 반짝 호텔! 사기죄로 고소하겠어."

"그래, 그럼 그러든지. 난 당당하니까."

결국 그렇게 두 호텔 사장의 목소리는 커지고 화가 난 스타 호텔은 반짝 호텔을 사기죄로 고소를 하기에 이르렀다.

피타고라스의 정리란 직각삼각형의 세 개의 변을 a, b, c라고 하고 변 c에 대응하는 각이 직각일 때 $a^2+b^2=c^2$이 되는 것을 뜻합니다. 이는 고대 그리스의 피타고라스가 처음으로 증명했다고 하여 붙인 명칭입니다.

가로의 길이가 1미터이고 세로의 길이가 2미터 40센티미터인 침대에 토리가 잘 수 있을까요?

수학법정에서 알아봅시다.

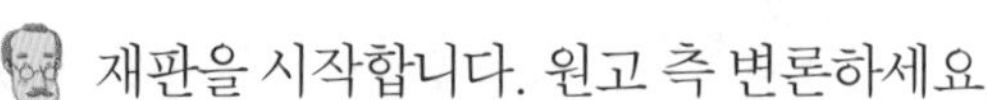

재판을 시작합니다. 원고 측 변론하세요.

이건 명백한 반짝 호텔의 사기입니다. 아무리 계산해 봐도 침대 길이가 토리 선수의 키보다 10센티미터가 작으므로 토리 선수의 발이 침대 밖으로 나오게 됩니다. 이거 무척 불편하지요. 그래 가지고 어떻게 숙면을 취한단 말입니까? 안 그래요? 판사님?

재판을 좀 더 지켜봅시다. 그럼 피고 측 변론하세요.

증인으로 반짝 호텔 사장을 요청합니다.

머리가 반짝반짝 빛나고 고급 양복을 차려 입은 40대 남자가 증인석에 앉았다.

증인은 반짝 호텔 사장이죠?

네.

어떻게 토리 선수를 재울 수 있다고 주장한 거죠? 10센티미터가 모자라는데요.

피타고라스 정리를 이용하면 됩니다.

 그게 무슨 말이죠?

일반적으로 세 변의 길이가 3:4:5이거나 5:12:13이 되면 직각 삼각형이 됩니다.

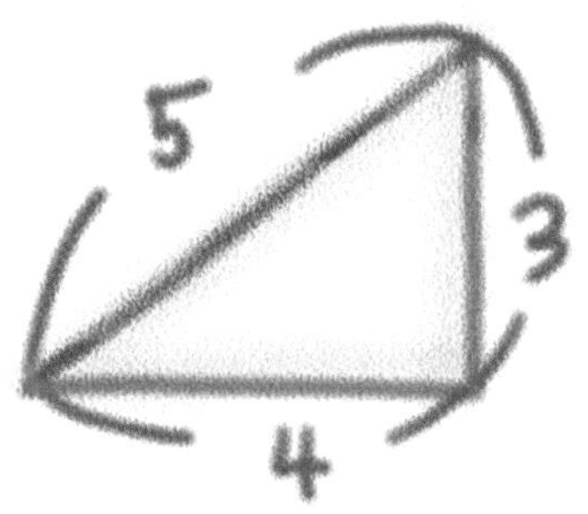

 그런데요?

 침대에 대각선을 그려 보죠.

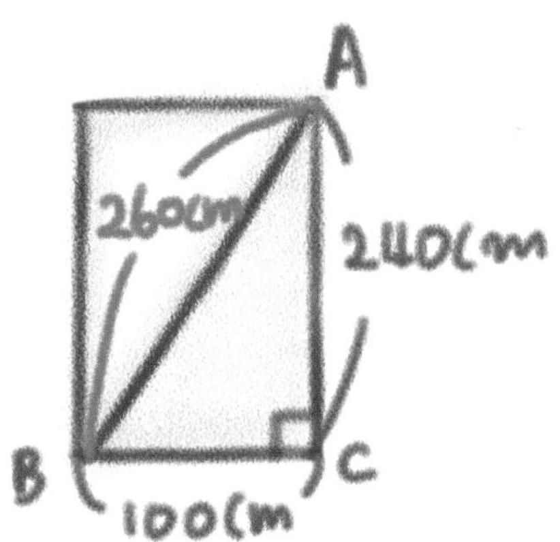

피타고라스가
(BC582?~BC497)
누구예요?

피타고라스는 그리스의 철학자이자 수학자, 종교가로 만물의 근원이 '수(數)'라고 생각했습니다. 수학에 기여한 공적도 매우 커 플라톤, 유클리드 등에게도 많은 영향을 끼쳤으며 그가 증명한 '피타고라스의 정리'는 수학의 발전에 큰 공헌을 했습니다.

이때 삼각형 ABC는 직각삼각형이고 BC의 길이와 AC의 길이의 비는 5:12입니다. 따라서 이 직각삼각형의 세 변의 길이의 비는 5:12:13이므로, 대각선의 길이인 AB의 길이는 260센티미터가 됩니다. 그러므로 토리 선수를 대각선으로 재우면 다리를 쭉 펴고도 10센티미터의 여유가 있습니다.

아하! 그렇군요. 콜럼버스의 달걀 같아요.

판결합니다. 우리가 침대에서 항상 똑바로만 자야 할 의무는 없습니다. 그러므로 피타고라스의 정리를 이용하여 대각선으로 토리 선수가 잘 수 있다는 반짝 호텔의 주장은 사기가 아닌 것으로 판명되었습니다.

재활용 정사각형

자투리 철판으로 정사각형 식탁을 만들 수 있을까요?

"할아버지, 철판이 잘려서 숟가락이 되는 게 너무 신기해요."

"우리 위거도 앞으로 할아버지, 아버지 뒤를 이어 철판 일을 할 수 있겠구나."

"당연하죠. 나는 우리 철공소를 일등으로 만들 거예요."

"그래, 역시 내 손자다."

어릴 때부터 철공소에서 나고 자란 위거는 철 냄새를 맡으면 기분이 좋아질 만큼 철공소 일을 좋아했다. 아버지와 할아버지께서 하시는 일을 지켜봐 왔던 터라 철과 관련해서는 모르는 게 없을 만큼 천재적이었다.

파프리 철공소는 3대째 철판을 잘라 여러 가지 철제품을 만드는 전통 있는 철공소였다. 손자인 위거 씨는 할아버지와 아버지의 뒤를 이어 철공소를 운영하기 위해, 경영학과 수학, 과학까지 모두 섭렵한 엘리트 중의 엘리트였다. 게다가 위거씨는 할아버지, 아버지 때부터 철공소를 운영하는 것을 보아 왔기에 철공소에 대한 애정도 깊고, 철공소에 대한 관심도 많았다.

"우리 철공소로 말할 것 같으면 말이지, 어디서도 볼 수 없는 완소 철공소야."

"또 자랑질이네. 니네 철공소 이 동네에서 모르는 사람 없거덩."

"이 향기로운 철 냄새~~."

"너 같은 괴물은 첨보겠어. 좋으냐. 나도 좋다."

단짝 친구 프리와의 대화는 늘 이런 식이었다.

파프리 철공소를 위거 씨가 맡게 되자, 그는 많은 변화를 주고자 했다. 쓸데없는 인력을 줄이고, 원료 값을 낮추는 새로운 홍정을 통해 철제품 가격 역시 낮추려고 노력했다. 위거 씨가 중점적으로 신경 쓴 부분은 철제품 가격을 낮추는 것이었다.

"제품 가격을 좀 낮추면 경쟁력이 좀 생길 것 같애."

"어떻게 해서 가격을 조정해 볼 생각인데?"

"그건 말이지. 별들에게 물어봐."

"그게 언젯적 유먼데 그것도 유머라고 쯧쯧쯧."

물론 파프리 철공소의 3대째 내려오는 기술과 장인 정신을 많은 사람들이 높이 사기는 했지만, 그것만으로 파프리 철공소를 세계 제일의 철공소로 만들기에는 무언가 부족했다. 그래서 그는 가격 낮추기에 도전한 것이었다.

위거 씨는 정말 열심히 일했다. 철공소는 새벽 2시 전에 불이 꺼지는 일이 없었으며, 사람들이 주문하는 양을 정확한 시간에 정확하게 배송하기 위해 노력했다. 최근에 들어온 주문은 엄청난 수의 식탁이었다. 새롭게 개업하는 미스터 가게에서 정사각형 철제 식탁 50개를 주문한 것이었다. 위거 씨는 주문한 날짜에 맞추기 위해 부단히 노력하였다. 약속을 지키는 신용 역시 가게를 유지하는 데 중요했던 것이다.

철판 원자재를 자르고 붙이면서 정사각형 철제 식탁 49개를 뚝딱 만들어 냈다. 어지러워진 철공소를 보며, 위거 씨는 혼자서 생각에 잠겨 있었다.

'이제 하나 남았구나. 근데 철판 원자재가 모자라겠는걸. 더 주문을 해야겠구나. 아고. 그럼 철제 식탁 가격이 더욱 뛸 텐데. 이 나뒹구는 철제들이 아깝구나. 이걸 이용할 방법은 뭐 없을까? 그래! 바로 그거야!'

위거 씨는 혼자서 생각하다가 문득 아이디어가 떠올랐다. 나뒹굴고 있는 철제들은 밑변이 1미터이고 높이가 2미터인 직각삼각형 자투리 네 개와 한 변이 1미터인 정사각형 자투리 하나였다.

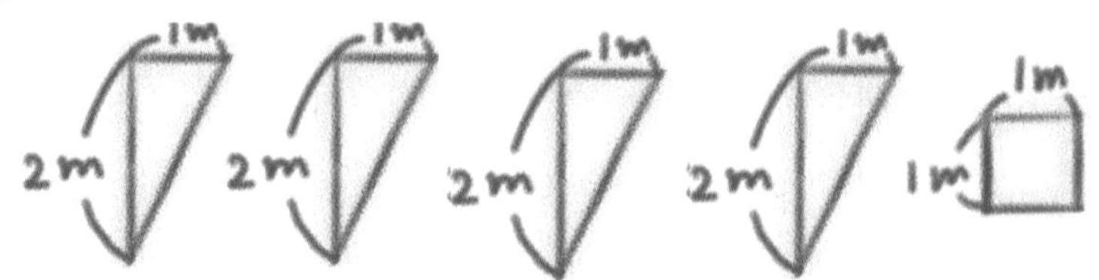

위거 씨가 이제 만들어야 할 마지막 철제 식탁은 넓이가 5제곱미터인 정사각형 식탁이었다. 그 식탁 하나를 만들기 위해 새로운 철판을 주문하는 것보다 자투리를 이용하여 만드는 것이 낫겠다고 생각한 위거 씨는, 즉각 실천에 옮기기 위해 철제 자투리들을 모두 주워 모았다. 그런데 그때, 미스터 가게의 주인이 자신이 주문한 철제 식탁의 상태를 확인하기 위해 방문하였다.

"어머, 위거 씨 정말 멋진 철제 식탁이로군요. 너무 마음에 들어요."

"아, 마음에 드신다니 다행이네요. 근데 내일 식탁을 찾으러 오신다고 들었는데."

"그게 궁금해서 참을 수가 있어야죠. 역시 제가 기대한 그대로 멋진 식탁이네요. 근데 이게 총 몇 개죠?"

"아, 49개랍니다. 이제 하나만 더 만들면 완성입니다."

"이야. 그렇군요. 그런데 철제 식탁을 만들 재료가 보이지 않는데, 아직 한 개를 만들 재료는 오지 않았나 보네요."

"아, 그게 아니라, 이 자투리들로 만들 겁니다."

"네? 뭐라고요?"

"이것들로 만들 거라고요."

"위거 씨, 그렇게 안 봤는데, 실망이군요. 약속한 날까지 다 만들지 못할 것 같으면, 그렇다고 그냥 솔직하게 말씀하시지. 그런 식으로 핑계를 대시다니요."

"아니, 정말 이걸로 정사각형 철제 식탁을 만들 수 있습니다."

"이 봐요. 위거 씨, 비록 위거 씨가 많은 공부를 하고, 파프리 철공소를 위해 열심히 일하는 건 알지만, 이건 말이 안 되잖아요. 삼각형 자투리 네 개랑 저 조그만 정사각형 자투리 한 개를 가지고 어떻게 큰 정사각형 철제 식탁을 만들 수 있단 말이에요."

미스터 가게 사장은 믿을 수 없다는 듯, 고개를 저었다. 그리고 위거 씨의 말이 식탁을 만들어 놓기로 한 기한을 지키지 못할 것 같자 핑계를 대는 걸로만 보였다.

"아닙니다. 제가 만들어서 내일 보여드리겠습니다."

"아니, 됐어요. 이렇게 핑계나 대는 사람에겐 내 식탁들을 맡기고 싶지 않군요. 그냥 주문 취소해 주세요."

"네?"

위거 씨는 자신의 말을 믿어 주지 않는 것도 화가 나는데, 공들여 만든 식탁조차 모욕하는 것 같아 억울했다. 결국 그렇게 미스터 회사에서는 식탁을 사 가지 않았고, 위거 씨는 그로 인해 재정적으로 힘들어졌다. 생각하면 할수록 그는 화가 났다. 결국 위거 씨는 참지 못하고, 미스터 회사를 상대로 수학법정에 소송을 내게 되었다.

피타고라스의 정리를 만족할 때 밑변이 3cm, 높이가 4cm인 직각삼각형의 빗변의 길이는 반드시 5cm입니다.

과연 이들 자투리 도형 다섯 개로 큰 정사각형을 만들 수 있을까요?

수학법정에서 알아봅시다.

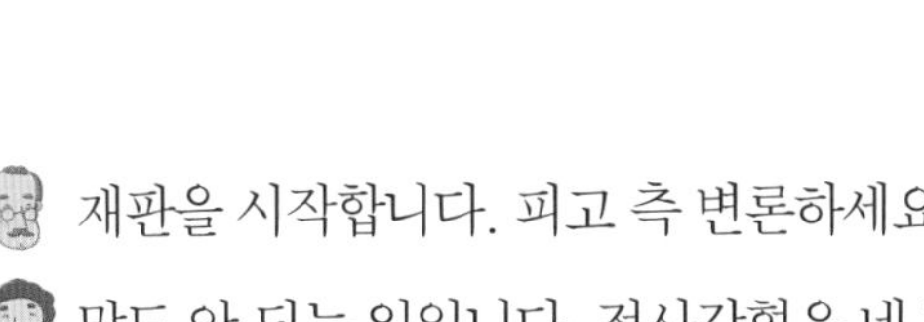

재판을 시작합니다. 피고 측 변론하세요.

말도 안 되는 일입니다. 정사각형은 네 변의 길이가 같고 네 각은 모두 직각이어야 합니다. 가장 특별한 사각형이죠. 그런데 이런 자투리 도형들로 정사각형을 만든다고요? 그런 일은 있을 수 없는 일입니다. 즉 위거 씨의 사기가 명백합니다.

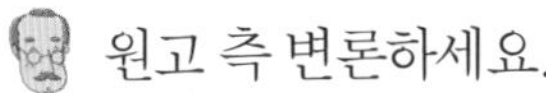

원고 측 변론하세요.

위거 씨를 증인으로 요청합니다.

영리해 보이는 눈빛을 한 잘생긴 외모의 30대 사내가 증인석에 앉았다.

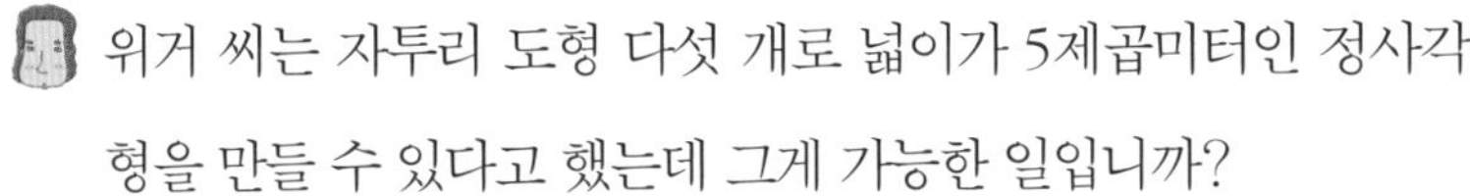

위거 씨는 자투리 도형 다섯 개로 넓이가 5제곱미터인 정사각형을 만들 수 있다고 했는데 그게 가능한 일입니까?

네. 가능합니다.

어떻게 만들 수 있지요.

직각삼각형 네 개와 작은 정사각형 한 개를 잘 조립하면 됩니다.

한 번 조립해주시겠습니까?

다음 그림을 보시죠.

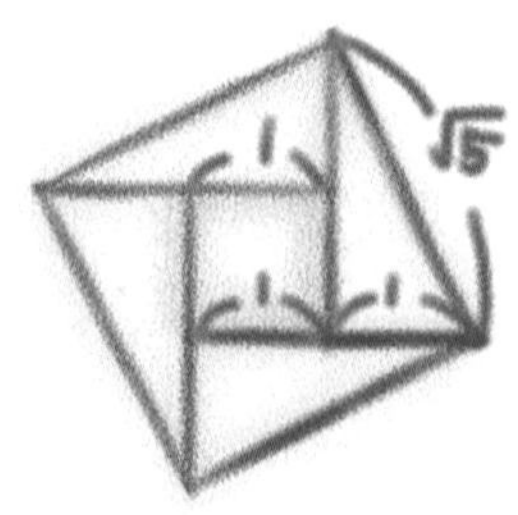

정말이군요. 그런데 어떻게 정사각형의 한 변의 길이가 $\sqrt{5}$ 미터가 되는 거죠?

피타고라스 정리를 이용한 겁니다. 직각삼각형에서 빗변의 길이의 제곱은 다른 두 변의 길이의 제곱의 합과 같지요. 그러니까 빗변의 길이를 □m이라고 하면 $\square^2=1^2+2^2=5$가 되지요. 이렇게 제곱을 하여 5가 되는 수를 $\sqrt{5}$ 라고 쓰고 '루트 오'라고 읽는답니다.

아하 그래서 만들어진 큰 정사각형의 넓이가 5가 된 거군요.

그렇습니다.

존경하는 재판장님. 증인이 지금 설명한 것처럼 증인은 미스터 회사의 요구 사항을 지킬 수 있었는데 미스터 회사에서 증인의 말을 무시했다는 점을 알려드리고 싶습니다.

판결합니다. 서로가 서로를 믿어 줄 수 없는 사회가 아쉽습니다. 이번 일은 미스터 회사 측이 위거 씨에게 사과를 하는 것으로 좋게좋게 끝내는 방향으로 하겠습니다. 앞으로 많은 사람들이 서로 믿어 줄 수 있는 그런 사회를 바라면서 말입니다.

수학성적 끌어올리기

피타고라스 정리

직각삼각형은 아주 특별한 삼각형입니다. 직각삼각형의 세 변의 길이는 피타고라스 정리라는 재미있는 성질을 만족하지요. 다음과 같은 직각삼각형을 보죠.

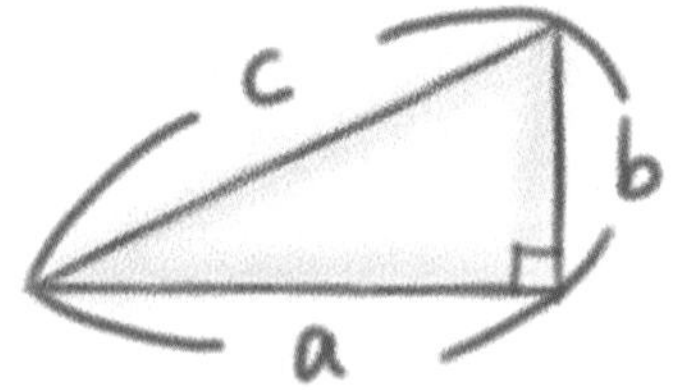

직각삼각형은 서로 수직인 두 선분과 비스듬한 변으로 이루어져 있지요. 이때 비스듬한 변을 직각삼각형의 빗변이라고 부릅니다. 이때 세 변의 길이 사이에는 다음과 같은 피타고라스 정리가 성립합니다.

- 직각삼각형에서 빗변의 길이의 제곱은 다른 두 변의 길이의 제곱의 합과 같다.

수학성적 끌어올리기

이것을 문자로 나타내면 다음과 같습니다.

$$c^2 = a^2 + b^2$$

여기서 a^2은 'a 제곱'이라고 읽고 a를 두 번 곱하는 것을 말합니다. 즉 다음과 같지요.

$$a^2 = a \times a$$

예를 들어 $3^2 = 3 \times 3$이 됩니다.

피타고라스 정리는 세 변의 길이가 $c^2 = a^2 + b^2$라는 관계식을 만족할 때만 성립합니다. 물론 이때 삼각형의 모양은 직각삼각형이 되지요. 어떤 수들이 이 관계를 만족하는지 봅시다. 세 수를 3, 4, 5로 택하면

$$3^2 + 4^2 = 5^2$$

이므로 빗변의 길이가 5이고 다른 두 변의 길이가 3, 4인 삼각형은 피타고라스 정리를 만족하는 직각삼각형입니다. 또 다른 예를 봅시다. 세 변의 길이가 5, 12, 13이라면

$$5^2 + 12^2 = 13^2$$

입니다. 그러므로 세 변의 길이가 5, 12, 13인 삼각형은 직각삼각형이 되지요. 물론 가장 긴 길이는 빗변의 길이가 됩니다.

넓이에 관한 사건

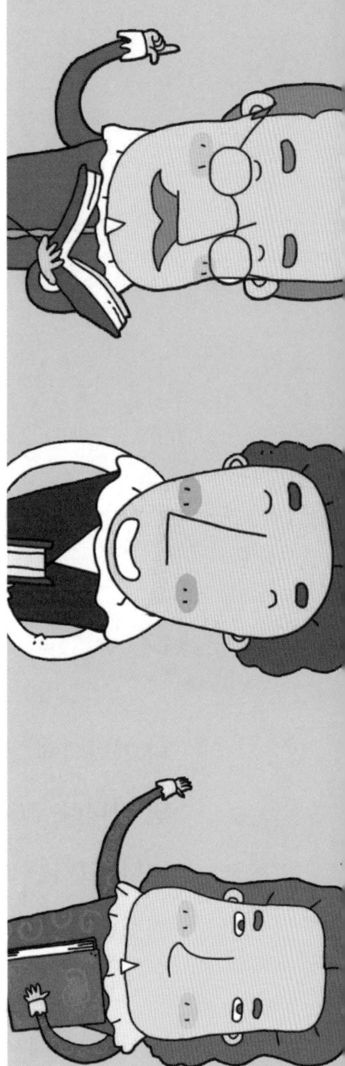

퍼즐 – 이상한 유산 상속

넓이 구하기 – 스테인드글라스

사각형의 넓이의 응용 – 도로가 난 곳에 대한 보상

합동을 이용한 넓이 계산 – 똑같이 일하자니까

넓이 – 땅 보상 문제

이상한 유산 상속

계단식 땅을 똑같은 넓이, 똑같은 모양으로 4등분 할 수 있을까요?

리나 씨는 과학공화국 100대 부자에 선정될 만큼 돈이 많은 사람이었다. 물론 리나 씨가 처음부터 돈이 많은 것은 아니었다. 그녀는 어린 시절을 무척이나 가난하게 보냈다. 하루에 밥 한 끼를 챙겨 먹는 날도 드물었을 뿐만 아니라, 그녀가 입는 옷은 모두 누군가 작아서 버려 놓은 옷들이었다. 그녀는 그런 가난한 어린 시절을 보내면서, 늘 다짐하고 또 다짐했다.

'난 꼭 부자가 되고 말겠어. 세상 사람들에게 보란 듯, 부자가 되어야지. 그래서 나도 마음껏 먹고, 마음껏 놀기만 할 거야.'

리나 씨는 그렇게 결심하고서 정말 열심히 살았다. 하루에 잠을 세 시간만 자고서, 아침 점심 저녁 밥 먹는 시간도 아껴 가며 일하였다. 그렇게 돈을 조금씩 모으기 시작한 리나 씨는 결국 과학공화국 100대 부자에 선정될 정도로 거부가 되었다. 그녀가 열심히 산 모습들을 지켜본 이들은 누구나 그녀가 각고의 노력으로 부자가 되었다는 사실을 인정하였다.

그런 리나 씨도 어느덧 나이가 들어서, 유언을 생각해야 하는 나이가 되었다. 그녀는 흔들의자에 앉아, 책을 읽으며 생각에 잠겼다.

'아, 벌써, 내가 유언을 생각해야 하는 나이에 이르렀구나. 내 어릴 적부터 지금까지. 아아. 아마 가난하지 않았더라면, 이렇게 부지런한 내가 될 수 없었겠지.'

리나 씨는 흔들의자에 기대며 더욱더 깊은 생각에 빠져들었다. 그녀도 어느덧 결혼을 하고, 지금 그녀에게는 장성한 아들이 넷이나 있었다. 하지만 그 아들들의 삶은 자신이 살아 온 삶과는 조금 달랐다. 분명 부모가 돈이 많다는 믿음 때문에, 스스로 연구하거나 노력해서 무언가를 얻으려고 하지 않았다. 그런 아들들을 두고, 자기가 유언을 남겨야 한다고 생각하니 괜히 서글퍼졌다.

'이 아이들에게 어떻게 하면 좀 더 삶을 진지하게 생각하며 살게 할 수 있을까?'

한참을 고민하던 그녀는 결국 멋진 유언장 한 장을 완성했다. 그러고는 그 유언장을 고이 접어 책상 아래 몰래 넣어 놓고, 언제 죽을

지 모르는 자신의 운명을 맡겼다.

그렇게 유언장을 쓰고 한 달쯤 뒤에 리나 씨는 자신의 예상대로 흔들의자에 편안한 차림으로 앉아 영원히 잠들어 버렸다. 리나 씨의 죽음 소식을 들은 아들들은 무척이나 슬퍼하는 듯 보였지만, 그 슬픔보다 더욱 관심을 가지는 것이 자신에게 유산이 얼마만큼 떨어지는가 하는 것이었다. 그래서 더욱 유언장을 궁금해했다.

"어머니가 돌아가셔서 너무 슬프구나. 근데 대체 유언을 뭐라고 남기셨을까?"

"글쎄. 어어어어. 형, 유언장 찾았어. 여기 책상 첫 번째 서랍에 들어 있네."

"흐흑. 어머니. 어머니가 남기신 마지막 편지구나. 그래, 그럼 둘째가 한번 읽어 봐."

유언장

아들들아! 너희에게 땅을 물려주기로 결정했단다. 우리 집 앞에 있는 가장 넓은 땅, 계단식 모양의 땅이긴 하지만, 그 땅을 너희에게 물려주도록 결정했단다. 그런데 말이지. 너희가 그 땅을 차지하기 위해서는 똑같은 넓이에 똑같은 모양으로 4등분하여 나누어야 한단다. 그렇지 않으면 너희는 그 땅을 가질 수 없다는 걸 유의하렴. 꼭 너희가 나의 유산을 받을 수 있길 바란단다.

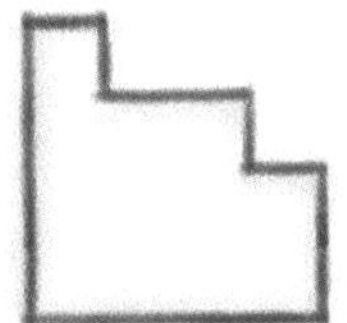

리나 씨 집의 가장 넓은 땅이라고 하면, 아들들이 4등분을 해도 평생은 먹고살 수 있는 어마어마한 땅이었다. 모두들 얼굴에 기쁜 표정이 역력했다.

"근데, 형 넓이를 똑같이 4등분하는 거야 뭐 어떻게든 해보겠는데. 똑같은 모양으로 어떻게 4등분을 하지?"

아들들은 일제히 당황했다. 넓이도 똑같이 4등분하되, 모양도 똑같이 4등분하라는 것은 절대로 불가능한 일 같았다. 며칠 동안 끙끙댄 그들은 결국 수학법정에 엄마의 유언장에 대한 유언 집행을 요구했다.

"어머니가 돌아가실 때가 다 돼서 이런 말씀을 유언장에 적어 놓으신 것 같은데 그 땅을 똑같은 모양으로, 똑같은 넓이로 4등분하는 건 불가능한 일이니 그냥 유산을 나눠가질 수 있도록 집행 부탁드립니다."

그렇지만 과연 엄마의 유언은 말도 안 되는 요구였을까? 수학법정에서 그 해결을 맡게 되었다.

계단식 땅 덩어리를 같은 모양과 넓이로 4등분하기 위해서는
'ㄱ' 자 모양으로 쪼개야 합니다.

이 땅을 어떻게 같은 모양, 같은 크기의 네 조각으로 나눌 수 있을까요?
수학법정에서 알아봅시다.

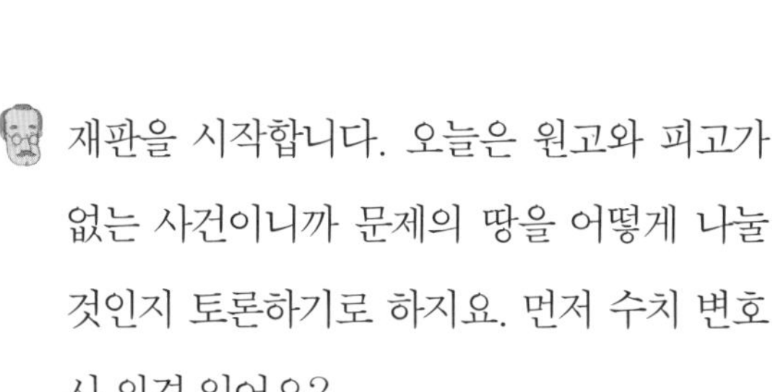

재판을 시작합니다. 오늘은 원고와 피고가 없는 사건이니까 문제의 땅을 어떻게 나눌 것인지 토론하기로 하지요. 먼저 수치 변호사 의견 있어요?

무슨 땅이 저 모양으로 생긴 거야? 남겨 줄려면 네모 모양으로 남겨 줄 것이지. 일부를 누가 떼어 먹은 것도 아니고. 아이고 복잡해라. 저걸 어찌 똑같이 네 조각으로 나눌꼬.

수치 변호사! 신세 한탄하지 말고 머리 좀 써요.

제가 요즘 두통이 심해서.

끙······ 우리의 희망 매쓰 변호사! 뭐 좀 좋은 아이디어 있습니까?

우선 단위 넓이로 나누어야 할 것 같습니다.

그게 뭐죠?

같은 모양의 작은 정사각형으로 나누어 보는 거죠.

이해가 잘 안 되는군!

그럼 그림을 보세요.

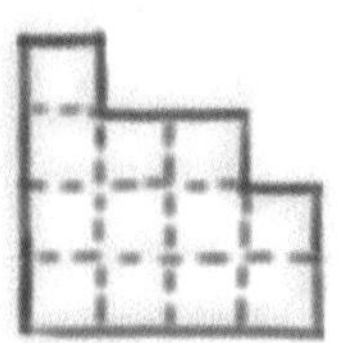

여기서 작은 정사각형은 모두 넓이가 같습니다. 그럼 작은 정사각형이 모두 몇 개죠?

열두 개.

그러니까 세 개씩 나누어 가지면 됩니다.

그렇군! 그런데 어떻게 똑같은 모양으로 만들지?

정사각형 세 개를 붙여 만들 수 있는 모양은 다음 두 종류입니다.

그런데 일직선으로 되어 있는 것으로는 못 만들겠지요?

그런 거 같소.

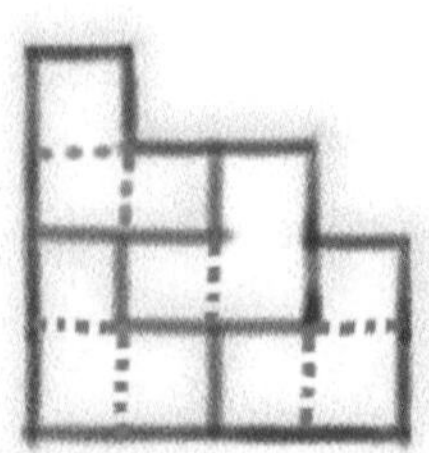

그럼 ㄱ 자 모양으로 된 것으로 만들어 보죠. 다음 그림을 보세요.

우와! 정말 똑같은 모양 네 개로 나뉘어졌어. 역시 우리의 희망이야. 그럼 네 아들들이 이렇게 땅을 나누어 가지도록 하세요.

수학 퍼즐이 뭐예요?

수학 퍼즐이란 수학과 관계있는 수수께끼로 수학적 지식이 많지 않은 사람이라도 흥미를 갖고 문제를 풀거나, 문제 풀이 방식에서 매력을 발견하는 문제를 말합니다.

스테인드글라스

물감을 칠할 부분의 넓이는 어떻게 알 수 있을까요?

과학공화국의 프로이스 성당은 세계에서 가장 아름다운 3대 건축물 중 하나였다. 프로이스 성당을 아름답게 만드는 것은, 무엇보다도 한쪽 벽면 절반을 차지하고 있는 큰 유리창이었다. 가까이서 보면 유리창을 통해 성당의 경건한 모습이 한눈에 보일 뿐만 아니라, 멀리서 보면 한쪽 벽면이 유리창으로 반짝이는 것이 마치 커다란 보석으로 만들어 놓은 건물 같았다. 프로이스 성당의 아름다움에 반한 많은 관람객들이 매일 줄을 이었다.

"프로이스 성당이야말로 최고의 건축물이에요."

"신의 축복이 있는 이곳에 이렇게 아름다운 유리창이 있다니, 이건 분명 신이 내린 선물인 것이죠."

관람객들은 저마다 한마디씩 프로이스 성당에 대한 칭찬을 늘어놓기에 바빴다.

프로이스 성당의 또 다른 보물은 베네딕트 신부님이었다. 빤짝거리는 대머리에 흰머리만 몇 가닥 붙어 있지만, 누가 보기에도 신부님은 자상함 그 자체였다. 신부님은 관람객들에게 사랑과 친절이라는 정신을 몸소 보여 주셨다. 성당 건물을 보기 위해 오는 사람뿐만 아니라, 성당에 계시는 베네딕트 신부님을 만나기 위해 프로이스 성당을 찾는 사람들 역시 많았다.

"신부님, 저는 신부님의 그 높은 성품을 배우고 싶습니다. 저도 이 성당을 위해 무언가 하고 싶습니다."

"모리노 신자님, 신자님이 우리 성당을 찾아주는 것만으로도 저희 성당에 큰일을 하고 계시는 겁니다."

모리노는 신부님의 말씀 하나하나에 큰 감동을 받고, 성당에 무언가 꼭 기여하리라 결심하였다.

"신부님, 성당 유리창을 그냥 두는 것보다 문양을 넣어서 스테인드글라스를 하는 것은 어떨까요?"

"그것도 너무 멋질 것 같네요."

"신부님, 그럼 스테인드글라스는 제가 직접 제작할 수 있는 영광을 주시겠습니까?"

“그러시다면 저희야 너무 감사하지요.”

“신부님 짱~~.”

모리노는 성당에 무언가 기여할 수 있다는 것이 기쁘기만 하였다.

“앗싸 뽕. 이 성당에 내가 뭔가를 해 줄 수 있다니 완전 죠아.”

모리노는 이제 매일 성당을 찾아가 어떻게 스테인드글라스를 할지 고민하기 시작하였다.

‘전문가적 시각에서 볼 때 이 각도는 좋지 않아.’

‘이 색깔은 뽀대가 나지 않아.’

마치 일인 연극을 하듯이 모리노는 신이 나서 흥얼거려 가며 구상에 나섰다. 직접 줄자로 유리창 크기를 재고, 여러 가지 모양들을 고민하던 중 마침내 스테인드글라스의 문양을 최종적으로 확정하였다.

유리창 하나는 가로, 세로 모두 1미터짜리 정사각형이었다. 그러한 유리창 열여섯 개로 이루어질 스테인드글라스는 상상만으로도 너무 멋질 것 같았다. 문양이 들어가는 부분은 빨간색, 문양이 들어

가지 않는 부분은 파란색, 총 두 가지 물감으로 스테인드글라스를 하기로 하였다.

"모리노 신자님, 그런데 물감은 저희가 어떻게 준비해야 할지."

"그거라면 신부님은 걱정 마십시오. 제가 다 알아서 물감 업자를 벌써 불러 놨습니다. 제가 우리 성당 유리창을 정말 멋지게 만들어 놓도록 하지요."

모리노 신자는 물감 업자가 오자마자, 신부님이 신경 쓰시지 않도록 밖으로 불러내어 이야기를 나누었다.

"제가 보내드린 도면대로 필요한 물감을 준비해 오셨겠지요?"

"물론입니다. 그런데 아무리 봐도 넓이를 알 수가 없어서 빨강도 넉넉하게 전체를 칠할 수 있을 만큼, 파랑도 넉넉하게 전체를 칠할 만큼 들고 왔습니다."

"고따구로 일하실 겁니까?"

"무슨 말씀이신지?"

"그렇게 하시면 안 되지요. 제가 꼭 필요한 만큼만 준비해 와 달라고 부탁하지 않았습니까."

"아니, 직사각형을 색칠하는 거면, 꼭 필요한 만큼이 얼마인지 딱 보면 알지만, 이렇게 곡선이 있는 경우에는 제가 어찌 안단 말입니까!"

"자기의 일은 스스로 하자 알아서 척척 스스로 어린이, 이런 말도 몰라요? 그걸 알고 모르고는 그쪽 사정이지요. 난 이렇게 물감을 낭

비해서 살 수 없소."

"뭐라고요? 그럼 딱 필요한 양이 얼마 만큼이다, 그쪽에서 제시를 해 줬어야지요."

둘이 티격태격하는 목소리는 점점 높아지더니, 성당 안에까지 들려왔다. 저쪽에서 반짝하고 베네딕트 신부님의 머리가 보였다.

큰 소리가 들리자 신부님이 깜짝 놀라 달려 나오신 것이다. 신부님은 연신 두 사람을 말렸다. 하지만 오히려 두 사람의 화는 식을 줄 모르고 몸싸움으로까지 갈듯 했다. 신부님께서 계속 말리다가 그나마 없던 2대 8 가르마의 머리가 8대 2 가르마로 되고서야 두 사람의 싸움도 잠잠해졌다.

"신도님들 보세요, 제 머리가 8대 2가 되어 버렸잖아요. 이제 그만 좀 합시다. 한 걸음만 물러나 이해를 해 보도록 해요."

8대 2로 갈라진 머리를 2대 8로 다시 넘기려 애쓰며 신부님이 말씀하셨다. 물감업자에게 준비해 온 물감은 그냥 다 구입하겠다고 화를 풀라고 얘기하였다. 하지만 모리노는 그럴 수 없었다. 그리고 물감업자 역시 화를 쉽게 풀지 않았다.

"그럼 어쩔 수 없지요. 어디 수학법정에 한번 가 보십시다. 넓이가 얼만지 알 수 없어서 물감을 몽땅 다 사는 게 맞는 건지, 틀린 건지."

"허 참, 누가 그러면 무서워할 줄 알고. 그래, 어디 가 봅시다."

결국 모리노와 물감업자는 둘 다 쌍방으로 서로를 수학법정에 고소하기에 이르렀다.

여러 가지 모양의 도형이 합해져 또 하나의 도형이 형성된 경우, 넓이를 구하기 위한 손쉬운 방법은 도형을 부분으로 나눠 생각해 보는 것입니다.

물감을 칠할 부분의 넓이는 어떻게 알 수 있을까요?

수학법정에서 알아봅시다.

재판을 시작합니다. 먼저 물감업자 측 변론 부탁해요.

이상하게 생긴 유리창입니다. 저렇게 규칙성이 없는 도형의 넓이를 어떻게 구할 수 있습니다. 저런 이상한 모양의 도형의 넓이를 구하는 공식은 한 번도 보지 못했습니다. 그러므로 물감업자의 주장이 옳다는 것이 제 의견입니다.

그럼 모리노 측 변론하세요.

자세히 들여다보면 쉽게 넓이를 구할 수 있을 것 같은데요.

어떻게 말이요?

큰 정사각형의 넓이는 얼마죠?

한 변의 길이가 4m이니까 16m²이 되죠.

그럼 문제는 깨끗하게 해결되었어요.

어떻게요? 나는 하나도 감이 잡히지 않는데…….

우선 전체의 $\frac{1}{4}$ 쪽만 보죠.

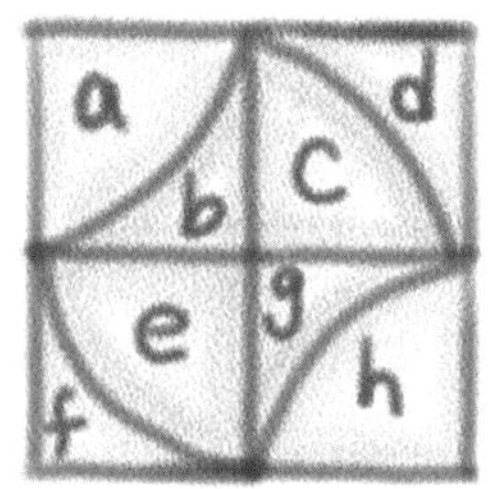

여기서 문양이 들어가는 부분의 넓이가 한 변의 길이가 2m인 정사각형의 넓이의 몇 분의 몇인지를 알면 돼요.

그걸 어떻게 구하냐고요?

결론부터 말하자면 문양이 들어가 있는 부분의 넓이와 그렇지 않은 부분의 넓이가 같아요.

그건 왜죠?

제가 각 부분의 넓이를 영어 알파벳으로 나타냈지요? 그러니까 문양이 들어가는 부분의 넓이는 $b+c+e+g$이고 문양이 들어가지 않는 부분의 넓이는 $a+d+f+h$가 되요. 그런데 원의 4분의 1쪽에 해당하는 부분은 모두 넓이가 같으니까 $a=c=e=h$이고, 가장 작은 정사각형에서 원의 4분의 1쪽을 제외한 부분의 넓이들 역시 같으므로 $b=d=f=g$가 되지요. 그러니까 $b+c+e+g=a+d+f+h$가 되는 것이죠. 즉 문양이 있는 부분의 넓이는 전체 넓이의 $\frac{1}{2}$이

부채꼴의 넓이는 어떻게 구하나요?

반지름이 r, 호의 길이를 l이라 할 때, 넓이를 S라 하면,
S = lr/2로 구할 수 있습니다.
예를 들어 볼까요? 반지름이 6cm이고 호의 길이가 9cm인 부채꼴의 넓이는
S=6x9/2이므로 S=27cm가 됩니다.

되지요. 이러한 관계는 나머지 세 사각형에서도 성립하니까, 문양이 있는 부분의 넓이는 $16m^2$의 절반인 $8m^2$가 됩니다.

간단히 해결되었군. 그러니까 빨간 물감과 파란 물감을 전체 넓이의 절반씩 준비하면 될 거야.

도로가 난 곳에 대한 보상

교차하는 도로의 넓이는 어떻게 구할까요?

김사각 씨는 어릴 때부터 부모님 속을 썩이기로 유명한 아이였다. 학교는 밥 먹듯이 빠졌고, 야구 하다가 깨먹은 유리창은 셀 수도 없었다. 게다가 공부는 어찌나 게을리 하는지 부모님의 걱정이 끊일 날이 없었다.

"얼짱에 쌈짱이기 때문에 이 정도는 써 줘야 해요."

"학생이 쓰기엔 너무 큰돈이야."

"다른 엄마들은 다 해 줘요. 왜 난 안 해 주냐고요!"

매번 이런 식으로 부모님과 티격태격하는 것이 일이었다.

제대로 된 효도 한 번 못해 본 김사각 씨는 어느 날 문득 부모님의 죽음을 맞이하게 되었다.

"사각아, 내가 죽거든 집 앞 땅을 잘 관리해 주길 바란다. 유일하게 남아 있는 땅이야."

그제야 정신을 차리고 김사각 씨는 착실하게 살아가고 있었다. 사각 씨는 그 땅이 부모님이라 여기고 지극정성으로 살폈다. 땅은 가로가 45미터이고 세로가 25미터인 사각형 땅이었다.

그러던 어느 날 저녁, 땅에 뿌릴 비료를 사고 돌아오던 길에 김사각 씨는 교통사고를 내게 되었다. 상대방이 너무 많이 다쳐서 큰돈이 필요했다. 갑자기 큰돈을 구하지 못해 안절부절못하던 김사각 씨에게 어느 날 시청에서 연락이 왔다.

"김사각 씨죠?"

"네, 그런데요."

"이번에 국가에서 도로 사업을 시행하고 있는데 김사각 씨의 땅이 도로에 들어가게 되었습니다. 땅 넓이를 알려 주시면 정부에서는 아주 높은 가격으로 보상해 드리겠습니다."

김사각 씨는 며칠 밤을 지새우며 고민에 고민을 계속했다. 부모님께서 물려주신 땅이라 선뜻 팔아넘기기가 너무 죄송했다. 그렇지만 당장 돈을 마련하지 못하면 김사각 씨는 경찰서에 잡혀갈지도 모를 일이었다.

'부모님의 유산이야. 이건 목숨 걸고라도 지켜야 해.'

'아냐, 돈이 없으면 난 죽은 목숨이야. 부모님도 내가 위험에 처하길 원치는 않으실 거야.'

'안 돼, 안 돼. 살아 계실 적에도 효도를 못했는데, 유산이라고 남겨 주신 이 땅마저 팔아 버릴 순 없어.'

'그래도 내가 없으면 이 땅도 어떻게 되어 버릴지 모르잖아.'

백만 스물두 번을 고민한 김사각 씨가 마침내 결론을 내렸다. 결국 김사각 씨는 눈물을 머금고 땅을 팔기로 했다.

'미안해요 엄마, 아빠.'

김사각 씨는 하늘에 계신 부모님을 생각하며 또 한 번 눈물을 보였다. 결심이 선 김사각 씨는 정부에서 보내 준 자료를 들춰 보았다. 도로의 모양은 다음과 같았다.

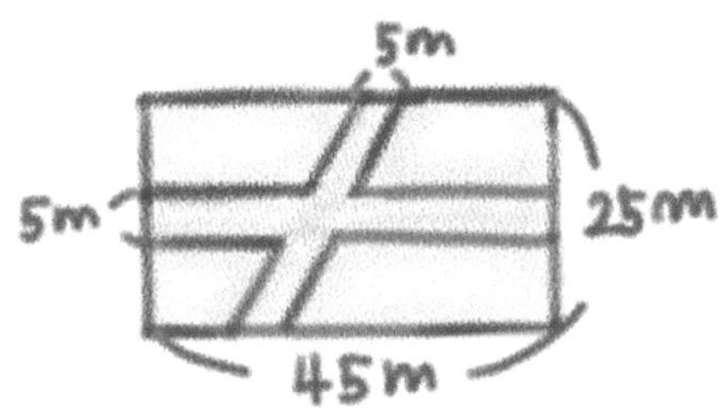

"가만, 가로로 난 도로는 가로 길이가 45미터이고 세로 길이가 5미터인 직사각형이니까 넓이가 45m× 5m가 되고, 세로로 난 도로는 가로의 길이가 도로의 폭인 5미터이고 높이가 25미터인 평행사변형이니까 넓이는 5m× 25m가 되겠군. 그러니까 전체 도로의 넓

이는 $225m^2+125m^2$ 즉, 350제곱미터야."

계산을 마친 김사각 씨는 정부에 350제곱미터의 땅을 보상해 달라고 요청했다.

하지만 정부에서는 계산이 잘못되었다며 다시 견적을 내어 제출하라고 했다. 이에 화가 난 김사각 씨는 정부를 상대로 수학법정에 고소했다.

김사각 씨는 자신의 땅 넓이를 계산할 때 가로로 난 도로와 세로로 난 도로의 겹치는 부분을 중복해 계산하는 오류를 범했습니다.

김사각 씨 땅에 난 도로의 넓이는 얼마일까요?
수학법정에서 알아봅시다.

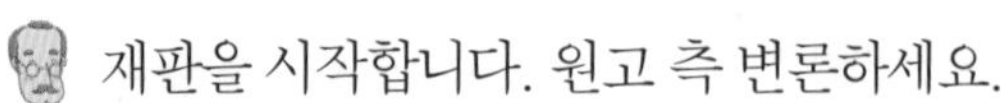

재판을 시작합니다. 원고 측 변론하세요.

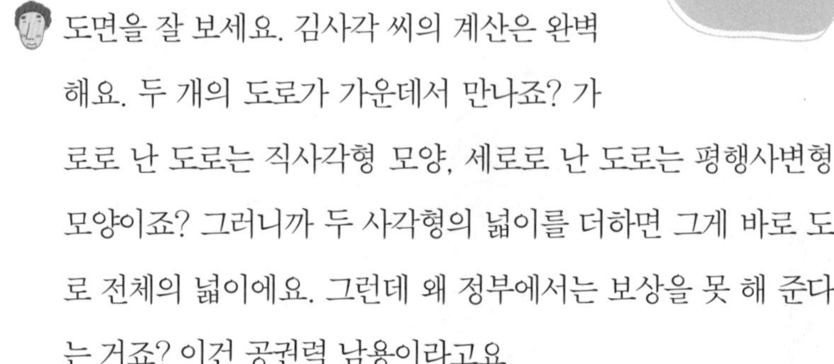

도면을 잘 보세요. 김사각 씨의 계산은 완벽해요. 두 개의 도로가 가운데서 만나죠? 가로로 난 도로는 직사각형 모양, 세로로 난 도로는 평행사변형 모양이죠? 그러니까 두 사각형의 넓이를 더하면 그게 바로 도로 전체의 넓이에요. 그런데 왜 정부에서는 보상을 못 해 준다는 거죠? 이건 공권력 남용이라고요.

진정하시오. 수치 변호사. 아직 당신의 변론이 옳은지 틀린지 모르잖소?

그렇습니다. 지금 수치 변호사와 김사각 씨는 중복의 함정에 빠져 있습니다.

내가 어딜 빠졌다는 거요?

중복의 함정이요.

그런 함정이 어디 있소?

이제부터 설명할 테니 잘 들어요. 당신들은 두 도로의 넓이를 각각 구했지요? 그러면 다음 그림과 같이 어두운 부분은 두 사각형의 넓이를 계산할 때 이중으로 계산하게 되지요.

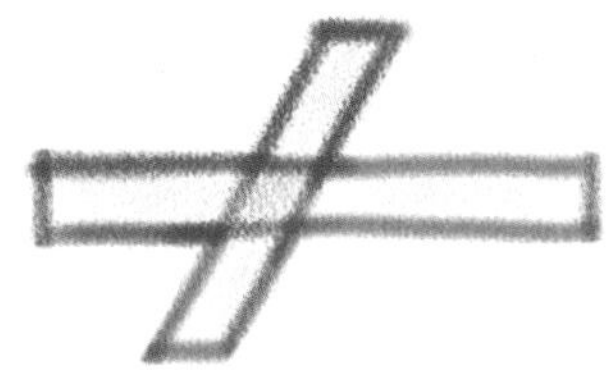

그렇군! 왜 저걸 못 봤지?

매쓰 변호사! 그럼 어떻게 계산하면 중복을 피할 수 있소?

도로 부분을 빼고 위로 왼쪽으로 땅을 밀어서 붙이면 도로만의 넓이를 쉽게 구할 수 있습니다. 다음 그림과 같지요.

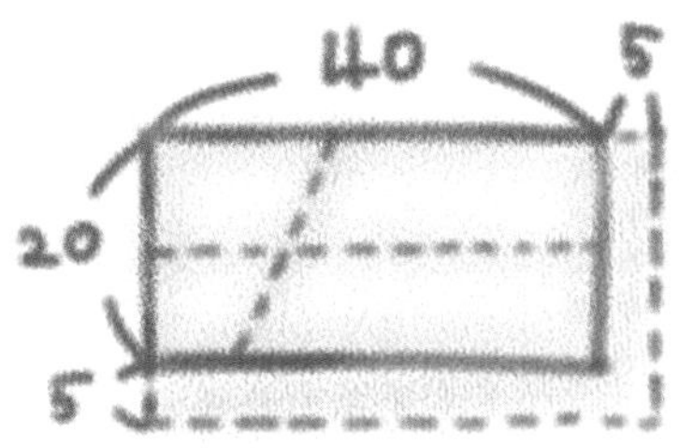

허! 정말 감쪽같군!

그러니까 도로를 제외한 새로운 땅의 넓이는 40m×20m=800m²가 되고 처음 땅의 넓이는 45m×25m=1125m² 이므로 도로만의 넓이는 1125m-800m=325m²가 되지요.

허허! 그럼 정부에서는 325제곱미터의 땅 값만 보상해 주면

되겠지요. 이거 뭐 매쓰 변호사가 다 하니 내가 판결할 것도 없고, 이제는 낙향해서 낚시나 해야 하는 건가? 허허허……

똑같이 일하자니까

등변사다리꼴 땅을 똑같은 넓이로 나누어 일할 수 있을까요?

과학공화국의 서부 혼데스 시에는 집이 많지 않았다. 하늘에서 보면 띄엄띄엄 집이 있는 것이 원시부족이 떠오를 정도였다. 워낙 땅이 넓은 곳인 데 비해 사는 인구는 너무 적었다. 옆집을 가려면, 차를 타고 한참을 가야만 했다.

그만큼 왕래가 힘든 환경에도 불구하고 혼데스 시에서 소문난 단짝이 있었다. 윌로스와 케루미! 윌로스와 케루미는 이웃사촌이었다. 하지만 이웃사촌이라는 말이 어색할 정도로, 집을 왕래하는 데는 차로 20분이 넘는 시간이 걸렸다. 두 사람은 매일 전화를 주고받았다. 주변에 사람이 적다 보니 이야기를 할 기회도 많지 않아서 전화로 수다를 떠는 것이 일상이 되었다. 전화 통화는 항상 오늘도 만나자는 내용으로 끝났다. 오늘은 윌로스가 케루미에게 가기로 했다.

"이십 분만 기달료."

"오키오키, 역시 우리 수다는 전화로는 되질 않아. 언능 와."

"알았어. 언능 달려 갈게."

윌로스와 케루미 둘 다 집 근처에 있는 땅에다가 곡식을 가꾸며 지내고 있었기 때문에, 시간에 얽매이거나 할 필요가 전혀 없었다.

"딩동."

"누구세요~~."

"나예요오~~."

"내가 누군가요?"

"아이, 알면서."

이십 분 후 윌로스가 케루미 집에 도착했다.

둘은 같이 점심을 먹으며 전화상으로 다하지 못한 이야기를 재잘재잘 주고받기 시작했다.

"가까이 하기엔 너무 먼 당신이야."

"그러게 넘 땅이 넓어서 오가는 데 너무 시간이 많이 걸려."

"게다가 농사짓는 땅은 어찌 그리 넓은지 말야."

"내 말이."

점심을 먹으며 한참 이야기꽃을 피우던 케루미가 한 가지 제안을 했다.

"윌로스, 근데 말야. 우리 이렇게 각자 농사지을 게 아니라, 한 사람의 땅에서 일을 마치고, 또 다른 사람의 땅에서 일을 돕는 건 어떨까?"

"그거 좋은 생각인걸. 그럼 케루미, 너네 땅부터 먼저 농사를 짓고, 너네 땅이 끝나고 나면 우리 땅을 할까?"

"그럼 나야 고맙지. 완전 좋아."

두 사람은 먼저 케루미 땅의 농사를 마친 후, 윌로스의 땅의 일을 돕기로 했다. 케루미의 땅은 놀랍게도 등변 사다리꼴 모양의 땅이었다.

"이야, 땅 모양이 신기한걸. 근데 과연 이걸 하루 만에 다할 수 있을까? 아무리 봐도 이틀은 걸리겠는걸."

"그렇지, 윌로스. 그럼 이런 건 어때? 오늘 내가 절반을 일해 놓을게. 그러고 나서 네가 나머지 절반을 일하는 거야."

"오호. 그거 괜찮을 걸. 좋아, 그렇게 하자."

윌로스는 케루미의 제안을 흔쾌히 승낙했다. 케루미는 하루 종일 열심히 일해 자신의 땅의 절반을 일구었다. 케루미가 일군 땅은 다음 그림과 같았다.

그 다음 날 윌로스에게 나머지 절반을 일구면 된다고 했다. 그런

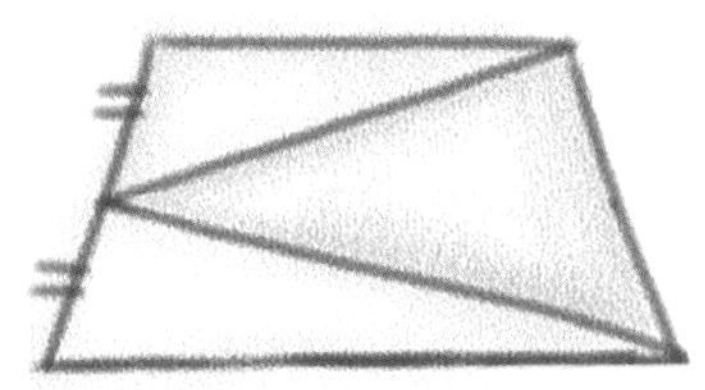

데 윌로스는 땅을 가만 살펴보더니 무언가 이상하다고 했다. 절반을 일했다고 얘기하는 케루미의 땅이 아무리 보아도 절반같이 보이지 않는 것이었다.

'이게 절반이야? 가만 보자. 말도 안 돼. 나한테 일을 더 많이 시키기 위해 일부러 케루미가 먼저 일한 게 분명해.'

윌로스는 하루 종일 나머지 땅을 일구다 보니 점점 더 화가 났다.

'해도 해도 일이 끝나지 않잖아. 뭔가 잘못된 거야. 분명.'

결국 친구에게 배신을 당했다고 느낀 윌로스는 케루미를 수학법정에 고소했다.

등변사다리꼴이란 평행하지 않은 두 변의 길이가 같은 사다리꼴을 말합니다.

두 사람 중 누가 더 많은 땅을 일궜을까요?
수학법정에서 알아봅시다.

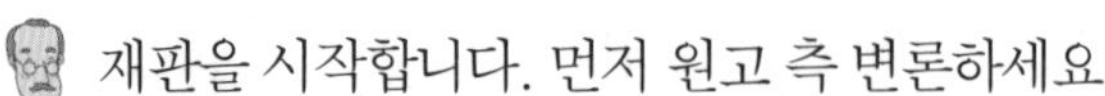

재판을 시작합니다. 먼저 원고 측 변론하세요.

그림을 보시면 아시겠지만 케루미가 일군 부분은 한 군데고 윌로스가 일군 부분은 두 군데입니다. 그러니까 윌로스가 더 많은 땅을 일궜다고 볼 수 있습니다.

그건 도대체 어느 나라 수학이요?

제가 생각하기 싫을 때 간단하게 계산하는 머리 셈입니다.

당신의 머리 셈을 우리더러 믿으라고!

싫음 말고요.

헉! 피고 측 변론하세요.

두 사람이 똑같은 크기의 땅을 일궜다는 것을 수학적으로 증명할 수 있습니다.

어떻게요?

우선 다음과 같이 윗변과 아랫변에 평행한 직선을 그려 보죠.

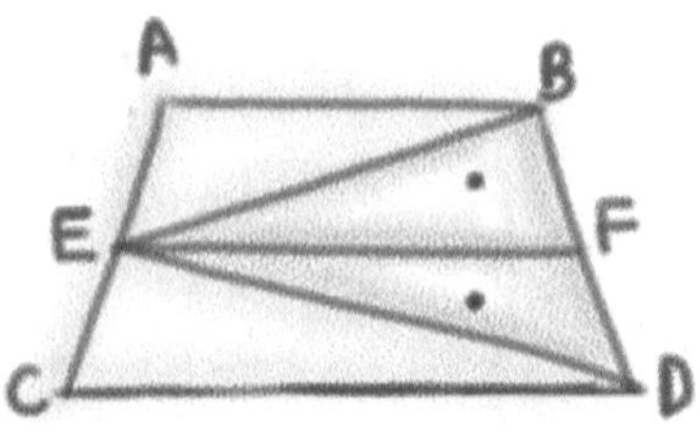

이때 가운데 점이 있는 두 삼각형의 넓이는 같습니다. 즉 삼각형 BEF와 삼각형 EFD의 넓이는 같지요.

어째서 같죠?

두 삼각형은 밑변의 길이와 높이가 같기 때문이지요.

그렇군! 그 다음은?

각각의 삼각형의 넓이를 a라고 하고 BD의 평행선이 점 E를 지나도록 그립시다. 그럼, 다음 그림과 같이 되지요.

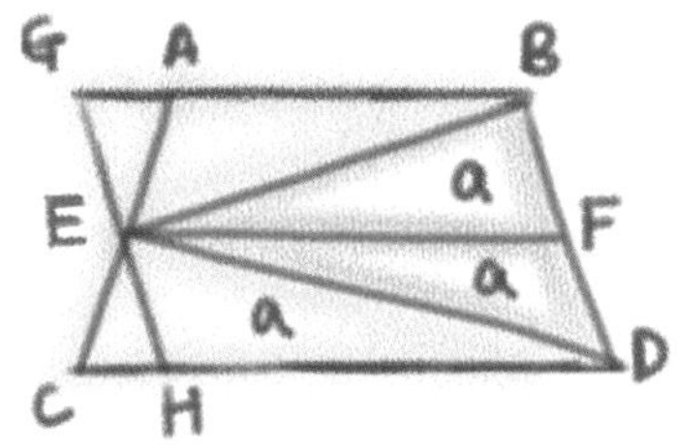

그러니까 삼각형 EHD의 넓이도 a가 되지요. 마찬가지로 삼각형 GEB의 넓이도 a가 되는데, 이 삼각형의 넓이는 삼각형 ABE의 넓이와 삼각형 GEA의 넓이의 합이지요? 그리고 삼각형 GEA의 넓이와 삼각형 ECH의 넓이는 같지요? 그러니까 윌로스가 일군 땅의 넓이는 삼각형 ABE와 삼각형 ECD의 넓이의 합인 a+a가 되어 케루미가 일군 땅의 넓이와 같아지지요. 즉 두 사람은 같은 넓이의 땅을 일군 거예요.

명쾌하군요. 적당히 보조선을 그리면 어려워 보이는 문제가 쉽

등변사다리꼴이 되기 위한 조건이 있나요?

있습니다. 등변사다리꼴이 되기 위해서는 먼저 마주 보는 두 변이 서로 평행이어야 하고, 평행이 아닌 두 변의 길이가 서로 같아야 합니다. 이렇게 되면 등변사다리꼴의 성질인 두 밑각의 크기와 두 대각선의 길이가 같아집니다.

게 해결된다는 것을 이번 재판을 통해 알게 되었어요. 그러므로 이번 사건에서 윌로스의 주장은 잘못되었다고 판결합니다. 즉 두 사람은 같은 양의 일을 한 것이지요.

사건이 끝난 후 두 사람은 화해했다. 그리고 두 사람은 그 후에도 함께 일했다.

땅 보상 문제

가로 길이를 늘린 만큼 세로 길이를 줄이면 넓이는 변하지 않을까요?

김사각 씨는 매쓰 시티의 변두리에서 야채 도매상을 하고 있었다.

'웰빙 시대에 살아남기 위해서는 나만의 방법이 필요해.'

웰빙 바람을 타고 야채 도매상의 경쟁이 치열해졌다. 경쟁력을 키우기 위해 김사각 씨는 며칠을 머리를 싸매고 고민하고 있었다.

'농약을 뿌리지 않는다는 것을 직접 눈으로 확인시켜 줄 필요가 있겠어.'

때마침 최근에 야채에 농약을 많이 뿌렸는지 아닌지를 확인시켜

주는 일이 유행하고 있었다. 김사각 씨는 자신이 파는 야채는 농약을 뿌리지 않고 자신이 손수 키운 야채라는 것을 손님들에게 눈으로 보여 주기로 했다.

그리하여 김사각 씨는 먼저 가게 주위에 한 변의 길이가 10미터인 정사각형의 땅을 샀다. 그는 그곳에 야채를 심어 직접 팔 생각이었다. 김사각 씨는 모든 정성을 다하여 야채를 기르고 있었다. 행여나 벌레가 야채에 해를 입힐까 해서 밤낮으로 살폈다. 이제 야채 장사도 소문을 타고 자리를 잡아 가고 있었다.

그러던 어느 날 시에서는 김사각 씨의 땅으로 도로가 지나가니까 그만큼을 보상해 주겠다며 담당 공무원을 보냈다.

"김사각 씨의 땅 보상 문제로 왔습니다."

담당자가 말했다.

"보상이라니? 어떻게 보상해 주실라나?"

김사각 씨는 조금이라도 손해를 보지 않으려는 듯 눈을 크게 뜨고 물어보았다.

순간 긴장한 담당자가 말했다.

"얼마면 돼. 얼마면 되겠어?"

"나. 돈 많이 필요해요, 얼마나 줄 수 있는데요?"

그러자 담당자는 김사각 씨에게 다음 그림을 보여 주었다.

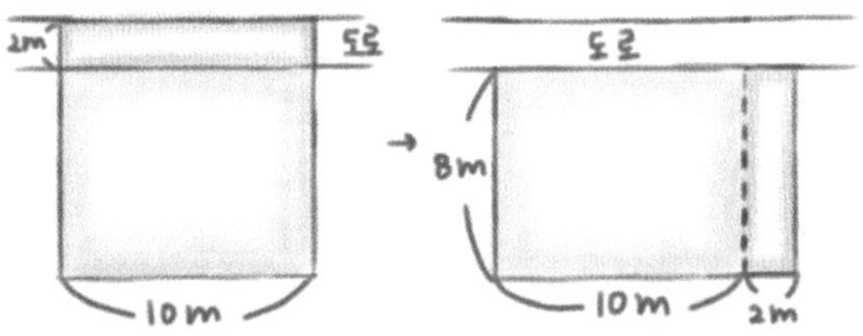

"어때요? 위로 2미터만큼 손해 봤으니 오른쪽으로 당신의 땅을 2미터 늘려 주면 공평하지요?"

담당자가 보상에 대한 설명을 해 주었지만 계산에 밝지 못한 김사각 씨는 금방 이해가 되지 않았다.

"아니, 잠깐만. 무슨 말인지 잘 모르겠어요."

"손해 본 만큼 오른쪽으로 더해 준다고요."

"저기……."

김사각 씨의 말이 끝나기도 전에 담당자는 할 말만을 전하고는 모든 보상이 끝난 듯 웃으며 자리를 떠났다.

혼자 남은 김사각 씨는 과연 자신이 제대로 보상을 받은 건지 아니면 손해를 본 건지 궁금해졌다. 그래서 수학법정에 이 문제를 명쾌히 해결해 달라고 부탁했다.

정사각형에서 세로의 길이를 줄이고 그 줄인 길이만큼 가로의 길이를 늘리면 넓이는 줄어듭니다.

여기는 수학법정

김사각 씨는 손해 본 걸까요? 아닐까요?
수학법정에서 알아봅시다.

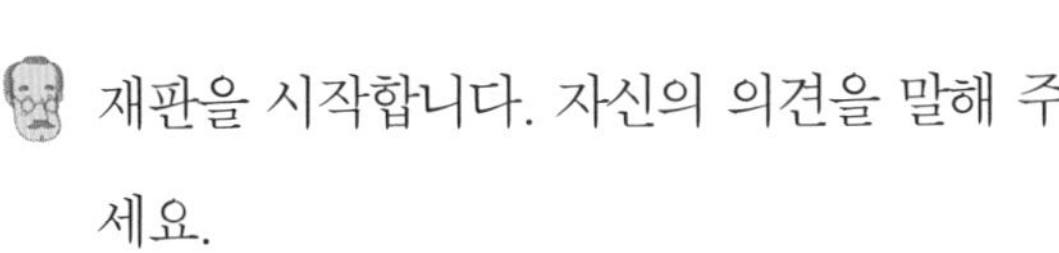

재판을 시작합니다. 자신의 의견을 말해 주세요.

제가 말하겠습니다. 위로 2미터 줄어든 만큼 오른 쪽으로 2미터 늘렸으니까 셈셈 아닌가요? 뭐 더 이상 따질 것도 없네.

그런 것도 같군요. 다른 의견은요?

조금 이상한 점이 있습니다.

뭐가요?

넓이가 달라지는 것 같아요.

어째서죠?

김사각 씨가 처음에 가지고 있던 땅은 한 변의 길이가 10미터인 정사각형입니다. 그럼 이 땅의 넓이는 얼마죠?

100제곱미터이지요.

그런데 세로의 길이가 도로 때문에 2미터 줄어들고 가로를 2미터를 늘려 준다면 김사각 씨의 땅의 모양은 가로가 12미터, 세로는 8미터인 직사각형이 되므로 새로운 땅의 넓이는 12×8=96제곱미터가 되잖아요?

어랏! 4제곱미터는 어디로 사라진 거지?

도로 속에 들어 있겠지요.

그럼 제대로 보상해 준 게 아니군!

그렇습니다.

그럼 판결합니다. 정사각형에서 세로의 길이를 줄이고 그 줄인 길이만큼 가로의 길이를 늘리면 넓이가 달라진다는 것을 알았습니다. 둘레가 같아도 사각형의 넓이는 정사각형일 때가 제일 크기 때문이지요. 그러므로 매쓰 시티에서는 어떤 방법으로든 사라진 4제곱미터의 땅을 김사각 씨에게 돌려 줄 것을 판결합니다.

수학성적 끌어올리기

삼각형의 넓이

삼각형의 넓이 공식에 대해 알아봅시다. 그림과 같이 가로의 길이가 a이고 세로의 길이가 b인 직사각형을 보죠.

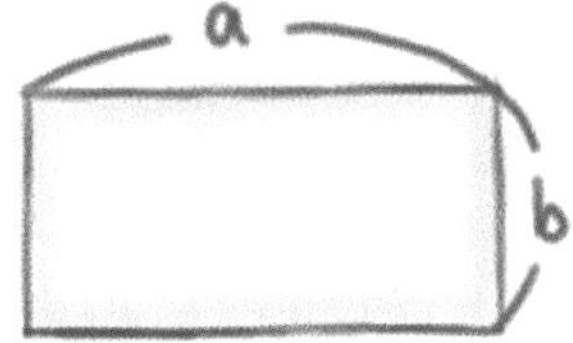

이 직사각형의 넓이는 $a \times b$가 됩니다. 이제 이것을 이용하면 직각삼각형의 넓이를 구할 수 있습니다. 다음 그림과 같이 밑변의 길이가 a이고 높이가 b인 직각삼각형을 봅시다. 이제 이 삼각형의 넓이를 구해 보겠습니다. 다음 그림을 보죠.

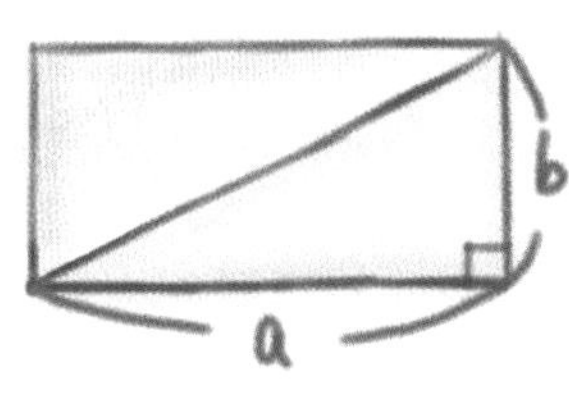

위쪽의 직각삼각형과 아래쪽의 직각삼각형은 서로 합동입니다. 그러므로 두 삼각형의 넓이가 같지요. 이 두 삼각형의 넓이의 합은 가로의 길이가 a이고 세로의 길이가 b인 직사각형의 넓이와 같으므로

$$2 \times (\text{삼각형의 넓이}) = (\text{직사각형의 넓이})$$

가 되고 직사각형의 넓이가 $a \times b$이므로

삼각형의 넓이는 $\frac{1}{2} \times a \times b$가 됩니다. 즉 다음과 같지요.

- 삼각형의 넓이는 밑변의 길이와 높이의 곱을 2로 나눈 값이다.

세 변의 길이가 주어진 삼각형의 넓이

이번에는 삼각형의 세 변의 길이를 알 때 넓이를 구하는 방법을 소개하겠습니다.

예를 들어 세 변의 길이가 3, 4, 5인 삼각형을 생각합시다. 세 변의 길이를 모두 더하면 12가 됩니다. 이 수를 2로 나누면 6이 되고요. 이 6이라는 숫자를 잘 기억해 두세요. 6에서 각 변의 길이를 뺀 수를 모두 써 보면 다음과 같습니다.

6−3=3　(1)

6−4=2　(2)

6−5=1　(3)

이제 (1), (2), (3)의 결과를 모두 곱하고 그것에 6을 곱하면 36이 됩니다. 이 결과는 바로 삼각형의 넓이의 제곱이 됩니다. $36=6^2$이지요? 그러므로 이 삼각형의 넓이는 6입니다. 이 공식은 헤론이라는 수학자가 처음 발견했지요. 그래서 헤론의 공식이라고 부릅니다.

넓이가 가장 큰 사각형

둘레의 길이가 일정할 때 어떤 모양의 직사각형이 가장 넓을까요? 그건 바로 정사각형이에요.

예를 들어 길이가 16미터인 철사를 구부려서 사각형을 만든다고 해보죠. $16=2\times8$이니까 가로의 길이와 세로의 길이의 합이 8이 되어야 해요. 그런 모든 경우에서 만들어지는 사각형의 넓이를 비교해 보면 다음과 같지요.

수학성적 끌어올리기

가로	세로	넓이
7	1	7
6	2	12
5	3	15
4	4	16

어랏! 정말 정사각형일 때가 가장 넓군요. 그리고 정사각형에 가까운 모양일수록 넓어진다는 것을 알 수 있어요.

입체도형에 관한 사건

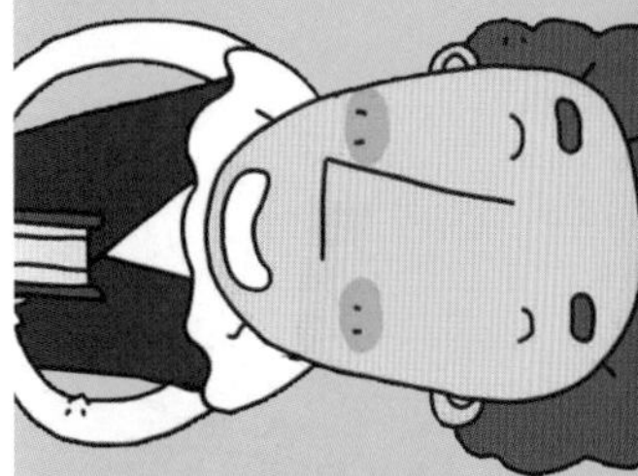

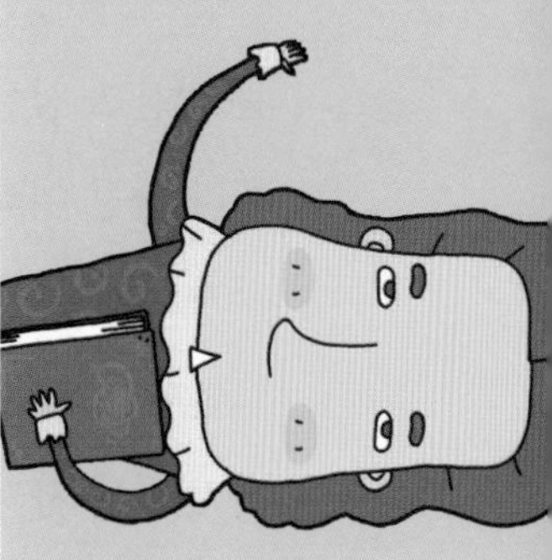

입체도형 – 번데기 장수

오일러 정리 – 입체도형은 다 똑같아요

구 – 수박의 지름

입체도형의 겉넓이 – 케이크의 옆넓이

번데기 장수

높이와 밑넓이가 같을 때 원기둥은 원뿔보다 부피가 얼마나 클까요?

과학공화국 북부에 있는 어린이 대공원에는 매주 주말이면 많은 사람들이 몰려들었다. 늘 이렇게 대공원을 찾는 사람들을 상대로, 어린이 대공원 앞에는 많은 노점상들이 줄지어 서 있었다. 노점상에서는 솜사탕, 핫바, 콜라 등등 여러 가지 군것질거리를 팔았는데, 뭐니 뭐니 해도 번데기가 가장 인기가 좋았다.

번데기 가게 중에서도 가장 장사가 잘되는 곳은 대공원 입구에서 세 번째에 자리 잡고 있는 이씨 아저씨네 번데기 가게였다. 이씨 아저씨네 번데기 가게는 개업한 지는 얼마 안 되었는데, 그 맛이 환상이었다. 곧 이씨 아저씨네 가게는 사람들의 입 소문을 타고 엄청난 인기를 끌게 되었다.

"벌레 같은 그걸 어떻게 먹니?"

어느 일요일 놀이 공원에 놀러온 어린이들 중 예쁜 새침이가 말했다. 그러자 곁에 있던 찰스가 뭘 모른다는 눈길로 대답했다.

"한 번만 먹어봐, 자다가도 벌떡 깰 맛이야."

"그래도 야만인도 아니고 어떻게 벌레를……."

새침이가 말을 끝낼 틈도 없이 찰스가 번데기를 새침이 입에 넣어 주었다. 이제 새침이는 이씨 아저씨네 번데기를 하루라도 먹지 않으면 입에 가시가 돋칠 정도로 마니아가 되었다.

"너 번데기 같은 건 야만인이나 먹는 거라며?"

찰스가 놀리듯이 말했다.

"이젠 번데기는 내 사랑이야. 이씨 아저씨 웰빙 참 번데기 많이 싸랑해 주세요."

두 사람은 이렇게 오늘도 이씨 아저씨네 노점에 들렀다.

"아저씨, 번데기 500원어치 주세요."

"아저씨, 저는 번데기 1,000원어치요."

이씨 아저씨 노점은 번데기를 담아 주는 봉투가 하나밖에 없었다. 봉투는 원뿔 모양을 뒤집어 놓은 것 같은 봉투로, 손에 쥐기 편하게 만들어진 봉투였다. 하지만 이 봉투는 500원어치를 담는 봉투여서

1,000원어치를 달라고 하면 500원어치 봉투 두 개에 담아 주는 수밖에 없었다.

"아저씨 봉투 두 개에 먹으려니 너무 불편해요. 1,000원짜리 봉투에 담아 주세요."

봉투에 관한 손님들의 불만이 많았다. 좀처럼 봉투 주문할 시간도 못 내던 아저씨는 큰 결심을 하고는 1,000원짜리 봉투를 주문하기로 하였다. 안 그래도 손님이 많아서 무척이나 바빠진 이씨 아저씨는 1,000원어치를 달라고 하는 경우가 부쩍 많아지자, 1,000원어치 전용 봉투를 만들어야겠다고 생각했다. 그래서 봉투 회사에 자신이 지금 팔고 있는 500원어치 전용 봉투 – 높이 10센티미터, 지름 10센티미터의 원뿔 봉투 – 를 보내면서 이 봉투의 두 배가 되는 봉투를 만들어 달라고 부탁하였다.

"우리 집 번데기가 좀 예민해요, 특별히 신경 써서 잘 만들어 주세요. 크기 꼭 맞춰 주시고요."

며칠 뒤, 1,000원어치 전용 봉투가 봉투 회사에서 도착하였다. 높이 10센티미터의 지름 10센티미터의 원기둥 봉투가 도착하자, 이씨 아저씨는 더욱 신이 났다.

"좋아, 이제 여기다 담아서 팔면 되겠는걸."

종이를 바꾸고서는 한결 편해졌다. 두 개의 봉투에 나누어 담는 시간을 절약할 수 있으니 그만큼 손님들도 더 받을 수 있었다. 분명 전보다 훨씬 많은 양의 번데기를 팔았다. 이씨 아저씨네는 그렇게 며칠을 장사한 뒤 수입을 계산해 보았는데, 1,000원어치 전용 봉투에 번데기를 팔면 팔수록 오히려 손해라는 것을 알 수 있었다.

'무언가 이상해. 더 많이 팔았는데 돈은 덜 남고 있어. 분명 봉투가 잘못 만들어진 것이 틀림없어.'

결국 화가 난 이씨 아저씨는 봉투 회사를 상대로 수학법정에 소송을 하게 되었다.

높이와 밑넓이가 같은 원뿔과
원기둥의 부피의 비는 1:3입니다.

원뿔의 부피와 원기둥의 부피 사이에는 어떤 관계가 있을까요?

수학법정에서 알아봅시다.

재판을 시작하겠습니다. 먼저 피고 측 변론해 주세요.

이번에는 정말 수학적으로 변론을 준비해 왔습니다.

믿어도 됩니까?

한번 믿어 보세요.

좋아요. 한번 해 보세요.

다음 그림은 원뿔과 원기둥 봉투를 옆에서 본 그림입니다.

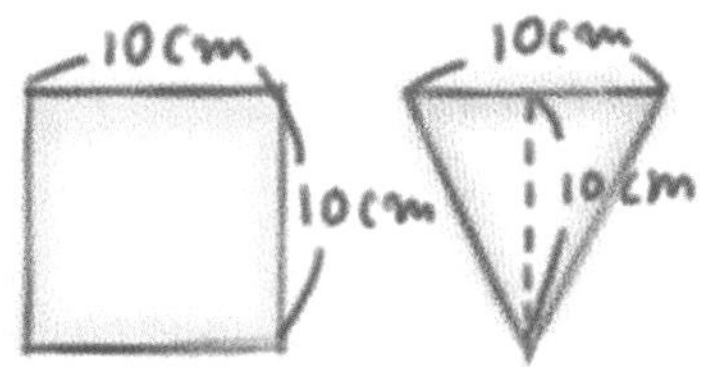

어때요? 원기둥 봉투를 옆에서 보면 한 변의 길이가 10센티미터인 정사각형이 되지요? 반면 원뿔을 옆에서 보면 밑변의 길이가 10센티미터이고 높이가 10센티미터인 삼각형이 됩니다. 그러니까 넓이의 비가 2:1이니까 1,000원과 500원이 맞지요.

입체도형이 뭐예요?

입체도형이란 삼차원 공간에서 부피를 가지는 도형으로, 삼각형 사각형 등 다각형이 여러 개가 합쳐져 만들어집니다.

그러므로 봉투업자는 아무 잘못이 없다고 주장합니다.

수고했어요. 그럼 이번에는 원고 측 변론하세요.

수치 변호사는 저차원적이군.

그게 무슨 말이요?

번데기가 얼마나 많이 담기는지는 넓이가 아니라 부피와 관련 있습니다. 그러니까 부피를 따져야 하는 거죠.

매쓰 변호사! 부피는 어떻게 되지?

원기둥의 부피는 밑넓이와 높이의 곱입니다. 밑넓이는 반지름의 제곱과 3.14의 곱이므로 원기둥의 부피는 3.14× 5× 5× 10세제곱센티미터가 됩니다.

그럼 원뿔의 부피는?

원뿔의 부피는 높이가 같고 밑넓이가 같은 원기둥의 부피의 3분의 1입니다. 즉 $\frac{1}{3} \times 3.14 \times 5 \times 5 \times 10$세제곱센티미터가 되지요.

그러니까 원뿔에 담긴 번데기가 500원어치라면 원기둥에 담긴 번데기는 그것의 세 배인 1,500원어치가 되어야 하는 거지요. 그러니까 봉투업자가 잘못 봉투를 만들어 줘서 번데기 장수 이씨 아저씨가 계속 손해를 본 것입니다.

명쾌하군! 원고 측 주장대로 이번 사건은 봉투의 부피를 잘못

계산하여 공급한 봉투업자의 잘못이 크므로 그동안 이씨 아저씨가 손해 본 액수를 변상할 것을 판결합니다.

입체도형은 다 똑같아요

오일러의 정리를 이용하면 일일이 세지 않고도 도형의
(점의 개수) − (선의 개수) + (면의 개수)를 구할 수 있을까요?

"우리 매쓰 초등학교는 수학에 의한, 수학을 위한, 수학의 학교입니다. 수학이 좋아서 침을 질질 흘릴 정도인 학생들에게 아주 잘 맞는 학교로서……."

입학식에서 교장선생님이 하신 말씀처럼 매쓰 초등학교는 유난히 수학 시험이 어려운 학교로 소문이 자자했다. 수학짱을 길러내기 위해 세워진 학교였다. 수학에 대해서는 남다른 자부심을 가지고 있었기에 시험 문제의 난이도는 상상을 넘어설 정도로 엄청났다.

"이젠 숫자만 보면 토할 것 같애."

"하루 종일 수학만 공부해도 잘 모르겠어."

"역시 수학의 길은 멀고도 험한 거였어."

매일 하교시간에도 아이들은 오늘 풀었던 수학 문제 이야기로 왁자지껄했다. 이번 수학 시험에는 입체 도형에 대한 문제가 출제되었다. 문제는 다음과 같았다.

정20면체에서 (점의 개수) - (선의 개수) + (면의 개수)를 구하여라.

아이들은 모두 이 문제에 당황하여 버벅거리고 있었다.

"이심면체가 모야?"

"이심이 아니라 이십면체!!"

"그래 그게 모냐고?"

"면이 이십 개 있는 건가 봐."

"어 그래."

그 누구도 이십면체가 어떻게 생겼는지 알지 못했다. 그럴 수밖에 없는 것이, 이제 간신히 정육면체를 익힌 친구들에게 정20면체라는 것은 도무지 상상이 안 되는 도형이었던 것이다.

선생님은 아이들의 당황하는 표정을 보며 의미심장한 미소를 지었다. 그런데 갑자기 페이슨이 손을 번쩍 들며 정답을 썼다면서 시험지를 내겠다고 했다. 페이슨은 그 반에서도 가장 뛰어난 학생인데다 지는 것을 죽기보다 싫어했다.

"페이슨, 정말 벌써 다 풀었니?"

머리에 딸기 핀을 꽂은 선생님이 말씀하셨다.

"그럼요. 시험지 들고 나갈까요?"

"설레발치는 건 아니겠지?"

너무 빨리 풀어 낸 듯한 페이슨을 신기하게 생각하며 선생님이 말씀하셨다.

"당연하죠."

"내 제자니까 네가 똑똑하긴 하겠지만, 이 문제가 그렇게 쉬운 문제는 아니었을 텐데."

"누가 쉬웠대요?"

"그래, 어디 한 번 보자꾸나."

선생님은 페이슨의 시험지를 받아들었다. 페이슨이 작성한 시험지는 어떠한 고민의 흔적도 없었다. 정20면체가 그려져 있는 것도 아니고, 그저 달랑 문제에 줄 한 번 그어놓고, 그 밑에 2라고 적어놓았다. 물론 2가 정답이기는 하였지만, 선생님은 페이슨이 그냥 찍은 게 아닐까 하는 생각을 지울 수가 없었다. 그래서 다시 페이슨에게 시험지를 돌려주며 말했다.

"페이슨 어떻게 풀었니?"

"그냥 잘~~이요."

"좋아. 문제를 푼 흔적이 하나도 남아 있지 않구나. 이런 건 문제를 풀었다고 할 수 없어. 수학은 설명이 필요해. 다시 들고 가서 하나씩 세어서 답을 써 오렴."

"선생님, 왜 그렇게 해야만 해요?"

"뭐라고?"

"일일이 점이랑 선, 면의 개수를 세야 할 필요는 없잖아요."

"일일이 세지 않더라도 페이슨이 어떻게 풀었는지 설명할 수는 있어야 잖니. 거기까지가 문제의 끝인 거야."

"웃기시네, 흥. 어쨌든 내 답은 맞았어요. 그럼 된 거예요."

선생님은 페이슨의 이러한 반항이 문제를 풀기 싫어서 찍은 게 들통 날까 봐 하는 행동처럼 보였다. 그렇게 두 사람은 한참을 티격태격했다. 정20면체에서 '(점의 개수) - (선의 개수) + (면의 개수)'를 구하기 위해서는 일일이 하나씩 구해야 하는가, 아니면 구하지 않아도 되는가를 놓고 끊임없이 토론을 벌였다. 선생님과 페이슨의 문제는 끝내 해결되지 않았고, 결국 수학법정에서 시시비비를 가리기로 하였다.

오일러의 법칙이란 다면체에서 그 꼭지점의 개수를 V,
선의 개수를 E, 그 면의 개수를 F라 할 때
V−E+F=2 인 관계가 성립하는 것을 말합니다.

입체도형에 대한 오일러 정리는 뭘까요?

수학법정에서 알아봅시다.

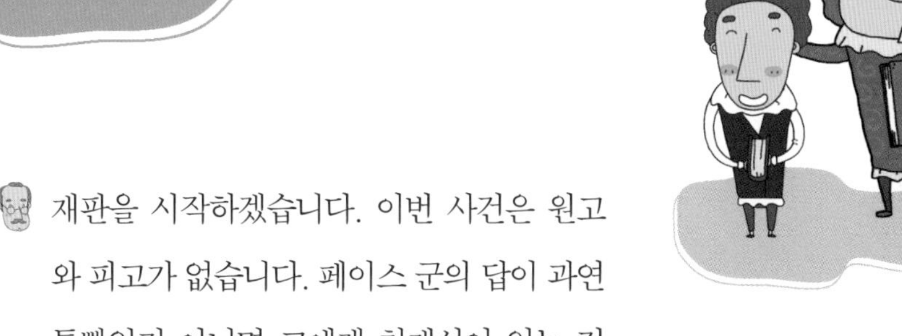

재판을 시작하겠습니다. 이번 사건은 원고와 피고가 없습니다. 페이스 군의 답이 과연 통빡인지 아니면 그에게 천재성이 있는 건지를 알아보는 것이지요.

저는 우연히 2를 썼다가 맞은 것 같습니다. 무슨 초등학생이 정이십면체를 그리지도 않고 점의 개수를 헤아릴 수 있단 말인가요?

단정 짓지는 말아요.

일단 이번 사건의 주인공인 페이슨 군을 증인으로 요청합니다.

반곱슬머리에 눈이 반짝거리고 천재성이 있어 보이는 소년이 증인석에 앉았다.

증인은 초등학생이지요?

네. 하지만 수학 수준은 대학생입니다.

당돌하군요.

사실을 말한 것뿐인데요.

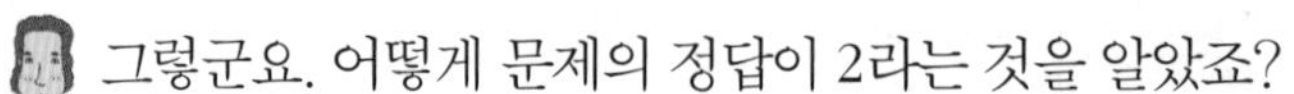

그렇군요. 어떻게 문제의 정답이 2라는 것을 알았죠?

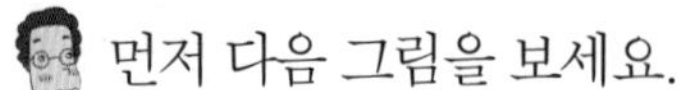

먼저 다음 그림을 보세요.

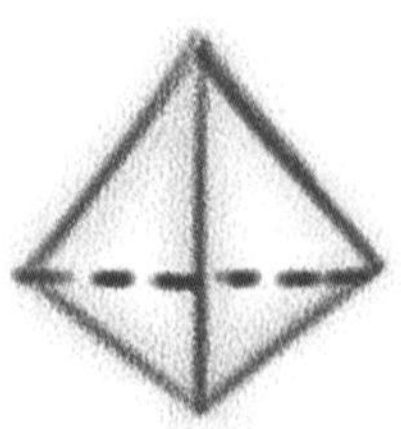

이건 정사면체 아닙니까?

그렇습니다. 점의 개수는 몇 개죠?

4개.

선의 개수는요?

6개.

면의 개수는요?

4개.

그러니까 (점의 개수) - (선의 개수) + (면의 개수)

= 4 - 6 + 4 = 2가 됩니다.

하지만 이건 정사면체잖아요? 정이십면체가 아니라.

그럼 하나를 더 보죠. 다음 그림을 보세요.

정육면체군요.

네, 점이 몇 개죠?

8개.

선은요?

12개.

면은요?

6개.

이 경우에도 (점의 개수) - (선의 개수) + (면의 개수) = 8-12+6 = 2가 됩니다. 저는 이런 식으로 알려진 모든 입체도형에서 (점의 개수) - (선의 개수) + (면의 개수) = 2가 된다는 것을 알아냈습니다. 그래서 정이십면체도 이 값이 2가 된다고 믿고 답을 그렇게 쓴 것입니다.

대단한 소년이군!

판결합니다. 페이슨 군의 공식은 초등학생이 만들었다고 하기에는 너무나 놀라운 공식입니다. 그러므로 페이슨 군을 국가에서 운영하는 특수 수학 영재 스쿨로 보낼 것을 판결합니다.

다면체란 뭔가요?

다면체란 입체도형 가운데 평면 다각형으로 둘러싸인 입체도형을 말합니다. 평면의 수효에 따라 사면체, 오면체 따위가 있습니다.

수박의 지름

수박을 자르지 않고도 지름을 잴 수 있을까요?

"지나간 여름, 바닷가에서 만났던 그녀~~."

"멀리 떠나자~~ 야야야야 바~~다로."

여름 유행가가 울려 퍼지는 걸 보니 드디어 여름이 온 것이었다. 햇빛이 모든 것을 삼켜 버릴 만큼 강하게 내리쬐었다. 사람들은 늘어진 개처럼 입을 반쯤 벌린 채 힘없이 나다녔다. 땀에 절어 있을 즈음이면 아이스크림 장사와 수박 장사가 짱이었다.

사이소 아저씨는 여름의 제왕으로 수박 장사를 10년째 해 오고 있는 분이셨다. 그분이 파는 수박은 한 입 베어 물면 온몸이 식고, 두 입 베어 물면 그 달달함에 온몸이 녹아 버린다는 소문이 자자한 수박이었다.

"수박 사~~~려. 이 수박 하나면 목이 마를 틈이 없어. 사이소표 완소 수박 사~~려."

오늘도 아저씨의 시원한 수박 사려 소리가 쩌렁쩌렁 여름 하늘을 울리고 있었다. 아저씨 소리에 동네 꼬마들은 늘 왁자지껄하게 몰려들었다.

"아저씨는 맛있는 수박인지 대체 어떻게 아세요?"

"딱 만져 보면 알아."

"아저씨는 어느 수박이 더 큰지 어떻게 알아요?"

"딱 만져 보면 알아."

"우아~~."

사이소 아저씨는 그만의 수박 장사 경력으로 수박이라면 모르는 게 없는 전문가였다. 그런 사이소 아저씨네 수박 차에는 이러한 가격표가 붙어 있었다.

수박의 지름 30센티미터 - 9,000원

수박의 지름 29센티미터 - 8,700원

사람들은 당연히 '수박이 큰 녀석이라면 돈을 더 내고, 작은 녀석이라면 돈을 더 적게 내겠지' 라고만 생각했다. 어느 날 우상실이라고 불리는 동네 시비쟁이 아줌마가 사이소 아저씨네 수박가게에 들르게 되었다.

"이봐요. 수박 한 통 줘요."

"네, 지름 30센티짜리 녀석으로 드릴까요, 아님 지름 29센티 녀석으로 드릴까요?"

"음. 가격은 어떻게 다른데요?"

"지름 30센티짜리 수박은 9,000원이고, 지름 29센티짜리 수박은 8,700원에 판답니다."

우상실 아줌마는 조금 고민을 하는 듯하더니, 지름 30센티짜리 수박을 집어 들었다. 그러고는 아저씨에게 8,700원을 건넸다. 사이소 아저씨는 당황했다. 뻔히 가격을 알려줬는데 8,700원밖에 주지 않으니, 이해가 되지 않았던 것이다.

"저, 이건 지름 30센티짜리라 9,000원인데요."

"어머, 아저씨가 이게 지름 30센티짜린지 어떻게 알아요. 수박을 잘라 보지도 않고, 지름을 어떻게 알 수가 있어요. 제가 볼 때 이건 29센티짜리 수박이에요."

"아니, 수박을 잘라 보지 않아도, 이 수박이 30센티짜리라는 건 알 수 있지요."

"말두 안 돼. 그런 게 어딨냐고요. 아저씨 눈에는 레이저가 달렸나? 아저씨, 양심적으로 장사하는 줄 알았더니, 이거이거 안 되겠는걸."

"꼭 잘라 봐야만 지름을 알 수 있는 건 아니니까요."

"말도 안 되는 소리 마요."

우상실 아줌마와 사이소 아저씨의 목소리는 점점 높아졌다. 우상실 아줌마는 사이소 아저씨가 말도 안 되는 사기를 친다며 고소를 하겠다고 겁을 주었지만, 사이소 아저씨 역시 무서울 것이 없었다. 결국 그렇게 두 사람은 수학법정에 서게 되었다.

구란 한 점에서 같은 거리에 있는 모든 점으로 이루어진 입체를 말하는데 구는 어떻게 잘라도 그 단면은 원의 모양이 됩니다.

여기는 수학법정

수박을 반으로 자르지 않고 수박의 지름을 잴 수 있을까요?

수학법정에서 알아봅시다.

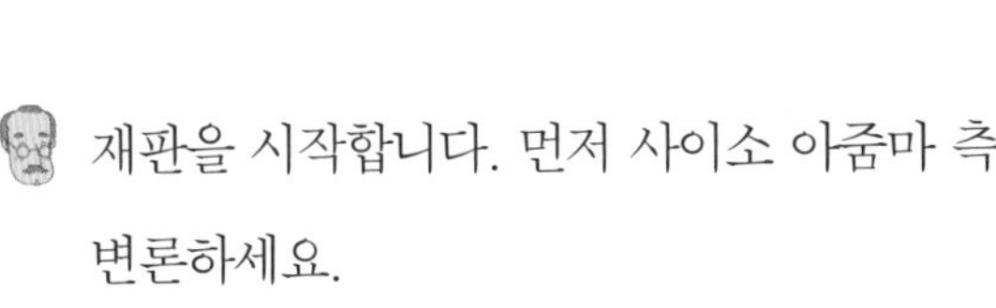

재판을 시작합니다. 먼저 사이소 아줌마 측 변론하세요.

수박을 잘라 봐야 잘 익었는지 안 익었는지 알 수 있습니다. 마찬가지로 수박을 잘라 봐야 정확한 지름을 알 수 있는 거죠. 둥그렇게 생겼으니까요.

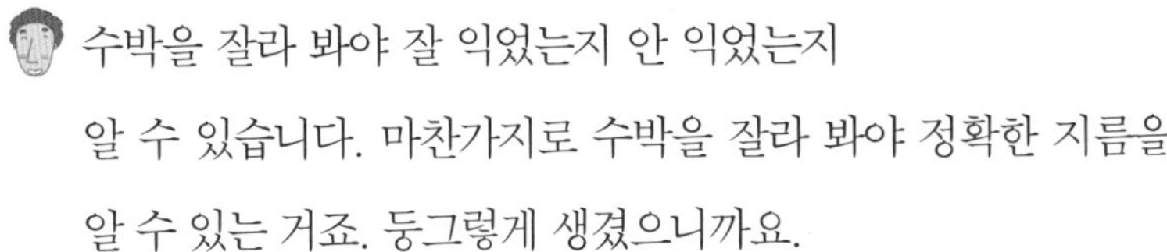

이상한 논리군!

괜찮은 논리라고 생각했는데…….

그럼 사이소 씨 측 변론하세요.

공연구소의 공사랑 박사를 증인으로 요청합니다.

얼굴이 공처럼 동그란 대머리 아저씨가 증인석에 앉았다.

지금 하는 일이 뭐죠?

모든 공 모양의 도형에 대해 연구하고 있습니다. 공을 수학에서는 구라고 부르지요.

그럼 구에는 어떤 성질이 있습니까?

구는 어떻게 잘라도 그 단면의 모습은 항상 원이 되는 성질이 있어요. 물론 어디를 자르는지에 따라 원의 넓이는 달라지지만요.

그건 무슨 소리죠?

구를 지름을 포함하는 면으로 자르면 그때 구는 절반으로 나누어집니다. 이때 단면이 가장 큰 넓이를 갖는 원이 됩니다. 그리고 그 원의 지름을 재면 바로 구의 지름이 되지요.

그렇다면 수박을 잘라 봐야 지름을 알 수 있다는 것인가요?

그렇지 않습니다.

그럼 자르지 않고 지름을 잴 수 있는 방법이 있단 얘기군요.

그렇습니다.

어떻게 하면 되죠?

수박 위에 평평한 판때기를 놓고 바닥에서 판때기까지의 높이를 재면 됩니다.

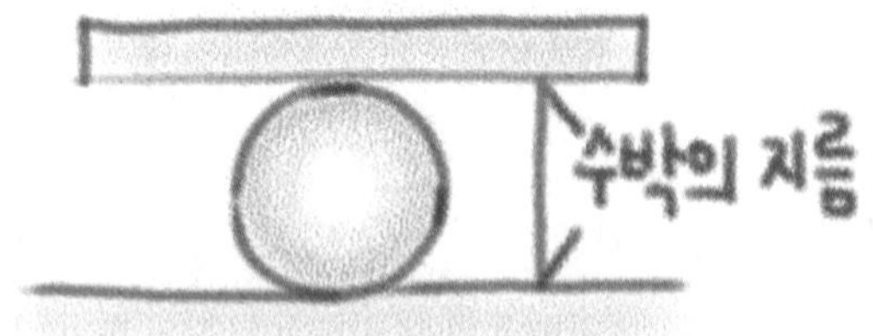

아하! 그런 방법이 있었군요. 그렇다면 사이소 씨는 그 방법으로 수박의 지름을 재어 가격표를 붙여 놓은 것이 틀림없습니

다. 그러므로 우상실 아줌마는 대충 눈대중으로 좀 더 큰 수박을 싸게 가지고 가려고 한 것이고요.

잘 알겠습니다. 판결은 간단합니다. 저희가 조사해 본 바에 따르면 사이소 씨는 지금 공사랑 박사의 방법을 이미 알고 있었고, 그 방법으로 수박의 지름을 재어 가격표를 붙인 것으로 밝혀졌습니다. 그러므로 이번 사건처럼 수학적인 상인에게 수학적이지 않은 생떼를 부리는 상도덕이 상실된 소비자들이 없어졌으면 하는 바람입니다.

케이크의 옆넓이

케이크의 옆넓이는 어떻게 구할까요?

일곱 살 난 루시앙은 아버지의 서재에서 조형물에 관한 책을 보게 되었다. 글도 다 깨우치지 못한 루시앙의 눈에는 조형물 책에 나타난 그림들이 어찌나 아름다워 보였는지 모른다. 그 이후 루시앙은 조형물을 수집, 공부하기 시작했다. 그때부터 모은 조형물들이 루시앙의 정원을 가득 채우고 있었다.

특히 루시앙이 가장 아끼는 조형물은 '생일 케이크'였다. '생일 케이크'라는 조형물은 높이 10센티미터에 지름 20센티미터 원기둥 위에 초 하나가 올려진 조형물이었다. 이것은 루시앙의 50번째 생일날, 아버지께서 늘 처음 생일을 맞은 것처럼 살라는 의미로 선물해 주신 조형물이었다. 루시앙은 그것을 유난히 애지중지하여 마치 그 조형물이 자신의 분신인 것처럼 관리했다.

그날도 루시앙은 창가에 서서, '생일 케이크' 조형물을 사랑스레 바라보고 있었다. 하지만 순간 이상한 기운을 느꼈다. 조형물에 관해서라면 천리안을 가진 루시앙은 그 멀리서도 윗돌 부분에 금이 가 있음을 알아챘다. 루시앙은 놀라움에, 얼른 정원으로 달려 나갔다.

"어머, 이게 뭐야. 예쁜 내 생일 케이크 조형물에 누가 상처를 입혀 놓은 거야. 아 정말, 속상해."

루시앙은 자신이 아끼는 생일 케이크 조형물에 약간 금이 난 것조차 너무나 신경 쓰였다. 그는 안절부절못하며 조형물 주위를 맴돌더니, 무릎을 탁 쳤다.

"그래, 이참에 그럼 완전히 바꿔 보는 거야. 이 기스가 난 옆면만, 금으로 코팅을 해 볼까?"

루시앙은 자신의 생각에 만족했다.

'역시 난 지니어스야.'

스스로 완전 만족한 루시앙은 당장 금을 코팅하는 전문 업체에 전화를 했다.

"저, 우리 집에 있는 조형물 옆면에 금으로 코팅을 좀 해 볼까 하는데요."

"특이한 취미를 가지셨군요. 조형물에 금 코팅을 하신다니."

"제가 좀 독특해요. 평범한 건 제 스타일이 아니거든요."

코팅 업체에서 하는 말에 기운이 산 루시앙이 우쭐거리며 대답했다.

"가격이 어찌 되는지?"

"금은 1제곱센티미터당 100달러씩 내야 합니다."

"으흠. 그럼 얼마를 내야 하는 거죠?"

"생각만큼 머리가 좋지 못하신가 보군요. 그 조각상의 옆면의 넓이만 계산해 보시면 되는 거 아니겠어요."

코팅 업체 측에서 이를 악 물고 애써 친절한 척하며 대답해 주었다.

"그럼 높이 10센티미터에 지름 20센티미터 원기둥의 옆면만 금으로 코팅을 하면 되는 거니까. 얼마죠?"

"계산기로 두드려 보세요."

코팅 업체 측의 성의 없는 대답이 들려왔다.

"뭐라고요? 내가 내 돈 주고 일을 시키는데, 얼마를 줘야 하는지도 내가 계산을 해야 한다고요?"

"아니. 그게 아니라……."

"뚝- 뚝-."

화가 난 루시앙 씨는 전화를 끊어버렸다. 루시앙 씨는 어릴 때부터 미술에는 관심이 있었지만, 수학과는 인연이 먼 사람이었다. 그런 그에게 옆면의 넓이를 계산해서 돈까지 계산해야 한다는 건 짜증

나고 귀찮은 일이었다. 하지만 그렇다고 루시앙 씨가 금 코팅을 하지 않을 것은 아니었다.

결국 뒤늦게야 루시앙 씨는 다시 금 코팅 전문 업체에 전화를 걸어, 자신의 조형물에 코팅해 달라고 맡겼다. 하지만 무언가 코팅 업체에서 부르는 가격이 턱없이 비싼 것만 같았다. 분명 지난번에 그가 전화를 확 끊어 버린 것을 복수하는 것만 같았다.

루시앙 씨는 조형물의 옆면 코팅 가격이 정확히 얼마인지는 알 수 없었지만, 무언가 바가지를 쓴 것 같은 기분이었다. 그렇게 한참을 그 문제로 끙끙대던 루시앙 씨는 결국 수학법정에 그 문제를 해결해 줄 것을 부탁하게 되었다.

원기둥의 겉넓이는
'반지름x반지름x3.14x2 + 지름x3.14x높이' 로
구할 수 있습니다.

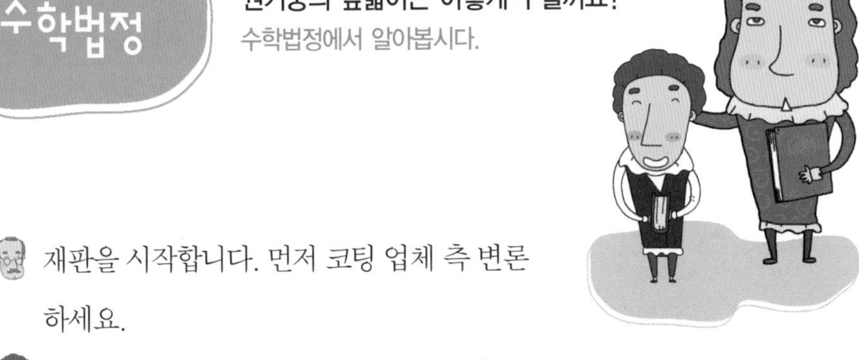

원기둥의 옆넓이는 어떻게 구할까요?

수학법정에서 알아봅시다.

재판을 시작합니다. 먼저 코팅 업체 측 변론하세요.

케이크는 원기둥 모양입니다. 그러니까 옆면이 휘어져 있지요. 그리고 종이로 만든 원기둥처럼 펼칠 수도 없잖아요? 그러니 어찌 옆넓이를 알겠어요? 그럼 코팅을 의뢰한 사람은 코팅업자를 믿어야지, 뭘 그리 의심을 하는지.

끝났지요? 수치!

우아! 이제 변호사 소리도 안 해 주네.

할 가치가 없어 보여서.

어떻게 내 동생 이름을 알지?

아니 그럼 동생 이름이 가치?

네.

동생은 좀 괜찮은 사람 같군. 아무튼 진도 나갑시다. 그럼 루시앙 씨 측 변론 하세요.

입체도형의 겉넓이만을 연구해 온 두루룩 박사를 증인으로 요청합니다.

노르스름한 구레나룻이 빛나는 이국풍의 사나이가 증인석에 앉았다.

증인이 하는 일은 뭐죠?

저는 모든 입체도형의 전개도와 겉넓이에 대한 연구를 하고 있습니다.

그럼 케이크와 같은 원기둥 모양의 옆넓이도 쉽게 구할 수 있나요?

물론입니다.

하지만 케이크는 종이로 만든 게 아니니까 전개도로 펼칠 수 없잖아요?

물론 그렇지요. 하지만 케이크의 옆면에 잉크를 바른 다음 종이 위에 정확하게 한 바퀴를 굴리면 됩니다. 이때 그려지는 모양은 다음과 같지요.

직사각형이 되는군요.

그렇습니다. 이때 가로의 길이는 원둘레의 길이가 되고 세로의 길이는 원기둥의 높이가 되지요.

아하! 그럼 이 직사각형의 넓이가 바로 원기둥의 옆넓이와 같군요.

그렇습니다.

존경하는 재판장님, 이렇게 케이크의 옆넓이를 구하는 간단한 방법이 있습니다. 루시앙 씨의 케이크는 원둘레의 길이가 20×3.14센티미터이고 높이가 10센티미터이니까 옆넓이는 20×3.14×10=628제곱센티미터가 되는 것입니다. 그럼 1제곱센티미터당 100달러이므로 루시앙 양의 케이크 코팅 비용은 6만 2,800달러입니다. 그런데 제조업자가 요구한 코팅비는 7만 달러라고 들었습니다. 따라서 업자에게는 사기죄가 적용된다고 봅니다.

판결합니다. 루시앙 씨 측의 변론은 완벽했습니다. 그러므로 업자는 7만 달러에서 6만 2,800달러를 뺀 7,200달러를 루시앙 양에게 되돌려 주고 앞으로는 여러 도형의 옆넓이를 구하는 방법을 익힐 것을 판결합니다.

원둘레는 어떻게 구하나요?

원둘레를 l이라 하고, 원의 반지름을 r이라 하면, l = 2 x r x 3.14로 구할 수 있습니다.

수학성적 끌어올리기

피라미드의 높이

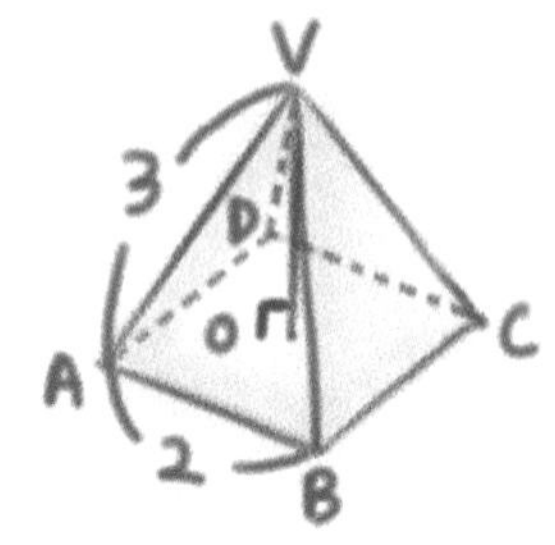

피라미드는 밑면이 정사각형인 정사각뿔입니다. 이제 다음 그림과 같이 밑면의 한 변의 길이가 2이고 옆면의 모서리 길이가 3인 정사각뿔의 높이를 구해 봅시다.

정사각뿔의 높이는 꼭짓점 V에서 밑면에 내린 수선의 길이입니다. 이때 수선의 발을 O라고 하면 O는 밑면의 중심이므로 정사각형의 두 대각선이 만나는 교점이 됩니다. 여기서 삼각형 VOC를 보죠.

직각삼각형이군요. 그러므로 피타고라스 정리에 의해 $\overline{VC}^2 = \overline{VO}^2 + \overline{OC}^2$이 됩니다. 이제 $\overline{OC}$를 구해야겠군요. 삼각형 ACB를 보죠.

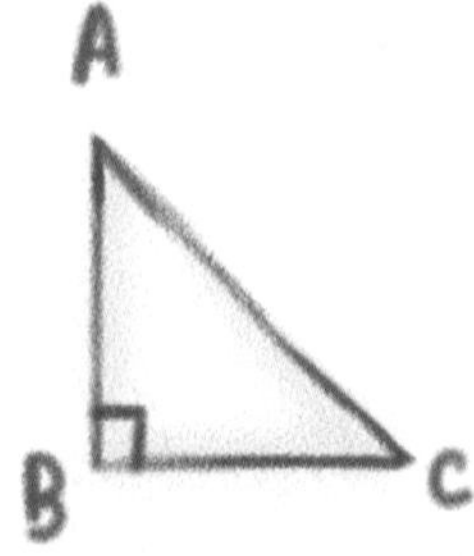

수학성적 끌어올리기

직각삼각형이므로 피타고라스 정리를 쓰면 $\overline{AC}^2 = 2^2 + 2^2 = 8$이 됩니다. 여기서 $8 = 4 \times 2$ 이므로, $\overline{AC}^2 = 4 \times 2$가 되지요. 이제 $\overline{AC} = □ \times △$라고 하고, $\overline{AC}^2 = □^2 \times △^2$가 되는 □, △를 택하면 AC를 구할 수 있지요.

위 식에서 $□^2 = 4$를 만족하는 □는 2입니다. 또한 $△^2 = 2$를 만족하는 △는 $\sqrt{2}$라고 쓰고 루트 2라고 읽습니다. 그러므로 $\overline{AC} = 2 \times \sqrt{2}$가 됩니다. O는 $\overline{AC}$의 중점이므로 $\overline{AC}$는 $\overline{OC}$의 두 배입니다. 그러므로 $\overline{OC}$는 $\sqrt{2}$가 되지요.

이제 이 결과와 $\overline{VC} = 3$을 $\overline{VC}^2 + \overline{VO}^2 + \overline{OC}^2$에 넣으면 $3^2 = \overline{VO}^2 + \sqrt{2}^2$이 되고 정리하면, $9 = \overline{VO}^2 + 2$가 됩니다. 그러므로 $\overline{VO}^2 = 7$입니다. 그럼 $\overline{VO}$는 제곱을 하여 7이 되는 수이군요.

우리는 앞에서 $\sqrt{2}$는 제곱하여 2가 되는 수라고 배웠습니다. 그러므로 제곱을 하여 7이 되는 수는 $\sqrt{7}$이 됩니다. 즉 이 정사각뿔의 높이는 $\sqrt{7}$입니다.

$\sqrt{7}$은 무리수입니다. 이 값이 어느 정도인지는 계산기를 이용하여 알아 볼 수 있습니다. 그 값은 다음과 같지요.

수학성적 끌어올리기

원뿔의 높이

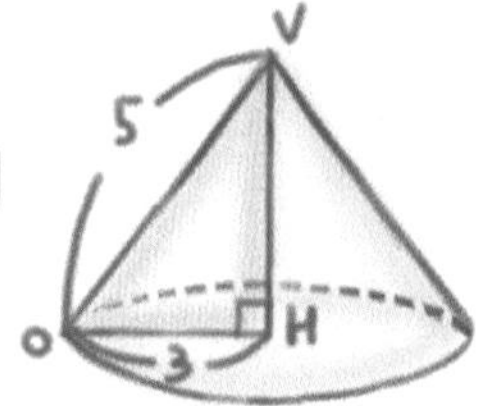

이번에는 피타고라스 정리를 이용하여 원뿔의 높이를 구해 보겠습니다. 다음 원뿔을 보죠.

이 원뿔의 밑면의 반지름은 3이고 모선의 길이는 5입니다. 이 원뿔의 높이는 얼마일까요? 이 계산 역시 피타고라스 정리를 이용하면 됩니다.

위 그림에서 삼각형 VOH를 보죠.

직각삼각형이군요. 그러므로 피타고라스 정리를 쓰면 $\overline{VO}^2 = \overline{OH}^2 + \overline{VH}^2$이 됩니다. 여기서 구하는 높이 VH를 □라고 하면, $5^2 = 3^2 +$ □^{2}이 되고 정리하면, $25 = 9^2 +$ □^{2}이 됩니다. 그러므로 □$^2 = 16$ 이군요. $16 = 4^2$이므로 □ $= 4$입니다. 즉 원뿔의 높이는 4가 되지요.

제6장

교과서 밖의 수학에 관한 사건

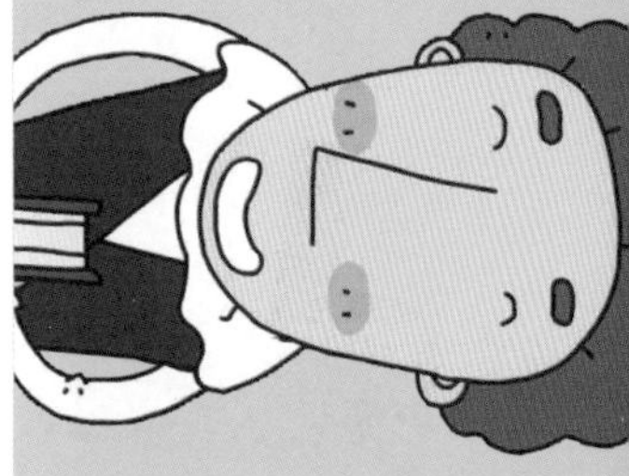

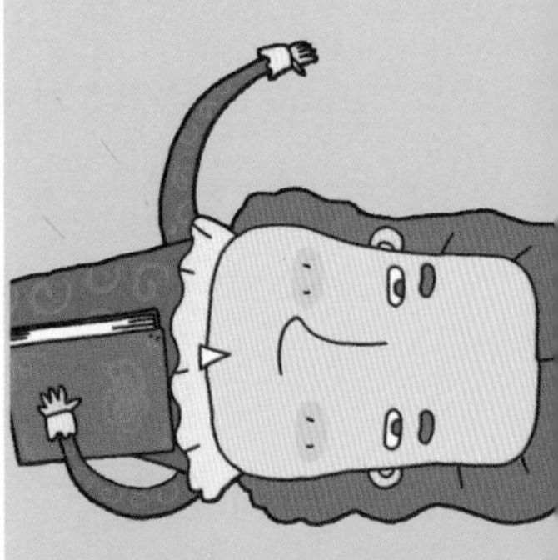

동전 퍼즐

동전 여섯 개로 가로 세로 네 개의 동전을 만들 수 있을까요?

컨추리 마을 사람들은 너나 할 것 없이 소박하고 순박한 사람들이었다. 이 마을 사람들은 하나같이 열심히 일하고, 자신의 삶에 만족하며 살아가는 사람들이었다.

어느 날 컨추리 마을에 꾼사기라는 희한한 이름을 가진 사람이 들어왔다. 그는 마을에서 주민들이 가장 많이 왔다 갔다 하는 큰길에 책상 하나를 펼쳐 놓고, 동전 여섯 개를 깔았다.

"자. 날이면 날마다 오는 것이 아닙니다. 일단 한번 와서 봐. 세상이 달라져."

그는 이렇게 큰 소리로 사람들의 호기심을 유발하기 시작했다.

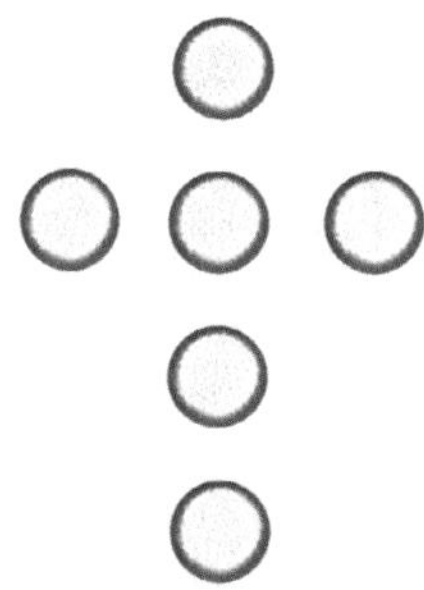

사람들은 오며 가며 그 희한한 사람이 무슨 일을 하나 싶어 관심 있게 바라보았다.

"책상 위에, 동전 올려져 있는 거 봤어?"

"그러게, 대체 뭐 하는 사람일까?"

그는 책상 위에 늘 같은 모양으로 동전을 올려놓고 있었다. 그러고는 마을 주민들이 지나다니기 시작하자, 점점 목소리를 높이기 시작했다.

"절호의 찬스, 절호의 기회가 왔습니다. 컨추리 주민 여러분, 동전 하나만 움직여 봐요. 그럼 놀라운 일이 벌어집니다."

사람들이 하나둘 모이기 시작했다. 컨추리 마을에서는 처음 일어나는 일인지라, 모두들 신기해했다.

"동전 한 개를 옮겨 가로, 세로가 모두 세 개가 되도록 해 보십시오. 그럼 건 돈의 세 배를 돌려 드리겠습니다. 제한 시간은 3분. 어디 도전해 보실 분 안 계십니까?"

일을 하고 돌아오는 길이던 이대팔 시골 청년 상출 씨는 순간 귀가 솔깃했다.

'뭐? 건 돈의 세 배를 준다고. 가로, 세로 네 개씩 만드는 게 뭐 그리 어렵겠어. 이거 농사짓는 것보다 더 수입이 나올지도 모르는 일이잖아.'

상출 씨는 얼른 사람들 틈을 비집고 맨 앞에 들어섰다. 그러고는 손을 번쩍 들어 자신이 해 보겠다고 하였다. 꾼사기 씨는 한껏 웃으며, "현명하신 선택입니다"라고 한껏 상출 씨를 자극했다.

"자, 이제 시간 3분 시작합니다."

상출 씨는 끙끙대며, 이리저리 동전을 옮겨 보기 시작했다.

"벌써 1분 갔어요. 동전 옮기는 사람 어디 갔나……."

꾼사기가 옆에서 한껏 약을 올리고 있었다. 그런데 아무리 해도 가로 네 개, 세로 네 개로 만드는 건 불가능했다. 하면 할수록 상출 씨는 마음만 다급해지고, 손이 떨리기 시작하였다.

"자, 이제 30초."

"10초, 카운트다운 들어갑니다."

결국 상출 씨는 꾼사기 씨가 10초 카운트다운을 다 부르고 나서도 문제를 해결하지 못했다.

'이건 불가능한 일이야. 말도 안 돼. 동전 여섯 개로 어떻게 그런 걸 만들어. 아이코. 내 돈. 내가 미쳤지. 농사꾼이 무슨 영광을 바란

다고. 아이고.'

상출 씨는 1년간 농사를 해서 번 수입을 모두 걸었기에, 더욱 상실감이 컸다. 처음에는 꾼사기에게 돈을 돌려 달라고 정중히 부탁했다.

"요즘 들어 잘나가는 너 같은 사람…… 부탁할게 부탁할게 내 돈 돌려주기를. 내 통장 잔고가 울먹울먹거리잖아."

하지만 꾼사기 씨는 돈을 돌려줄 생각이라곤 눈곱만치도 없어 보였다. 그는 순식간에 쫄딱 망한 것이다. 상출 씨는 이건 분명 사기라고 생각했다. 결국 자신의 분을 삭이지 못하고 씩씩대던 상출 씨는 꾼사기 씨를 수학법정에 고소하였다.

수학을 잘하려면 때로는
창의력을 발휘해야 할 필요도 있습니다

이 퍼즐의 정답은 뭘까요?
수학법정에서 알아봅시다.

재판을 시작합니다. 먼저 원고 측 변호사 변론하세요.

상출 씨는 정말 억울합니다. 모든 게임은 답이 있어야 합니다. 하지만 꾼사기 씨는 풀지 못하는 퍼즐을 가지고 소박한 시골 마을만 골라 이런 사기를 치고 있으므로 아주 사악하다고 볼 수 있습니다. 이런 나쁜 놈에게 중벌을 내릴 것을 부탁드립니다.

그럼 피고 측 변호사 변론하세요.

꾼사기 씨를 증인으로 요청합니다.

눈이 날카롭고 누가 봐도 사기꾼처럼 보이는 사내가 증인석에 앉았다.

증인이 하는 일은 뭐죠?

저야 뭐 동전 몇 개로 전국을 돌아다니면서 퍼즐 내기나 즐기면서 살아가는 사람이지요.

정말 한심한 사람이군.

사람들이 하도 많이 그렇게 얘기해서 이제는 한심이 제 호 같아요.

정말…….

질문하시죠.

이 퍼즐에 답이 있어요? 나도 여러 번 도전했지만 도저히 방법이 나오지 않는 것 같던데…….

간단합니다. 맨 아래 동전을 십자가 모양의 동전 위에 올려놓으면 됩니다.

우아! 콜럼버스의 달걀이군! 왜 동전 위에 올려놓을 생각을 못했을까?

사고의 전환을 못해서죠.

존경하는 재판장님. 일단 수학적으로 꾼사기 씨는 답이 없는 문제를 만든 것은 아닙니다. 기분이 나빠 변론은 이만 생략하겠습니다.

판결합니다. 개인적으로 꾼사기 씨와 같은 나쁜 도박쟁이에게 유리한 판결이 나오면 안 되지만, 오늘은 수학적으로만 변론을 해야 하는 이 법정이 인간적으로 아쉽습니다. 수학법정에서는 꾼사기 씨에게 죄를 물을 수 있는 방법이 없다고 판결합니다.

그때였다. 갑자기 들이닥친 경찰들이 꾼사기 씨의 손에 수갑을 채웠다. 그리고 그는 일반 법정으로 옮겨져 도박죄로 실형을 선고받았다.

성냥개비 퍼즐 대회

성냥개비 여섯 개로 네 개의 정삼각형을 만들 수 있을까요?

과학공화국에서는 매년 다양한 퍼즐 대회가 개최되었다. 퍼즐에 대한 사람들의 흥미가 대단하여 퍼즐 대회가 시작되면 밥 먹는 것도, 잠자는 것도 잊고 퍼즐에 집중할 정도였다. 성냥개비를 이용한 퍼즐 대회, 그림판을 이용한 퍼즐 대회, 수학식을 이용한 퍼즐 대회 등 다양한 형태의 퍼즐 대회가 개최되고 있었다.

"몸 좀 풀어 볼까?"

"성냥개비는 내 손안에 있소이다."

"퍼즐에 죽고 퍼즐에 산다는 각오로 이번엔 반드시 우승하고 말겠어."

저마다 모두 퍼즐 대회를 기대하고 있었다. 하지만 올해는 성냥개비 퍼즐 대회에서 사건이 발생하였다. 성냥개비 퍼즐은 성냥개비를 이용해서 문제를 내고, 상대가 그 문제를 풀지 못하면 우승하는 대회였다.

예선을 거쳐 총 열네 명의 본선 진출자가 결정되었다. 이들이 낸 문제 중에서 열네 명이 아무도 풀지 못하는 문제가 있다면, 바로 그 사람이 우승하는 방식으로 대회가 진행되었다. 다들 성냥개비를 이용한 다양한 수학 퍼즐을 제시하였다.

"아, 선수들 머리를 쥐어짜고 있군요."

"저러다가 머리에 구멍 나는 거 아닌가 모르겠어요."

"으아…… 구멍은 뭐, 불나지 않을까요."

"문제가 만만치 않아요."

기자들이 선수들의 모습과 문제 진행 사항을 중계해 주고 있었다.

열네 명의 참가자들은 서로 상대방이 낸 성냥개비 퍼즐을 해결하기 위해 머리를 맞대고 한참을 고민하였다. 퍼즐이 하나씩 하나씩 해결되기 시작하고, 최종적으로 남은 미해결 퍼즐은 단 하나였다.

성냥 세 개로 이루어진 삼각형이 있다.
여기다 성냥 세 개만 더 추가하여
정삼각형 네 개를 만들도록 하시오.

사람들은 이리저리 삼각형을 돌려 보고 의견을 내어 보았지만, 도무지 답이 없어 보였다. 퍼즐을 낸 사람만이 답을 알고 있는 상황이었다.

사람들은 입을 모아 미해결 퍼즐을 낸 사람을 칭찬했다. 그에게 모든 상금이 돌아갈 것 같았다. 그런데 미해결 퍼즐을 낸 사람이 갑자기 죽어 버린 것 아닌가? 그 퍼즐은 아무도 풀지 못했기에 상금은 퍼즐을 낸 사람이 가져가는 것이 당연했다.

그러나 퍼즐 대회를 주관한 측은 답을 알 수 없는 퍼즐 문제는 인정할 수 없다고 결정했다. 대회 주체 측에서는 상금도 줄 수 없다고 하였다.

하지만 미해결 퍼즐을 낸 사람의 아들인 스무피는 그 결정을 인정할 수 없었다. 스무피는 강하게 반발했다. 분명 이 퍼즐에는 답이 있다고 했다. 그리고 그 답을 찾을 수 있다면 상금을 주어야 한다고 주장하였다. 결국 스무피는 아버지의 명예를 위해 수학법정에 소송을 내어 아버지가 낸 문제의 답을 찾아 달라고 요청하였다.

정사면체란 각 면이 모두 합동인 정삼각형으로 이루어진 다면체로 정삼각뿔이라고도 합니다

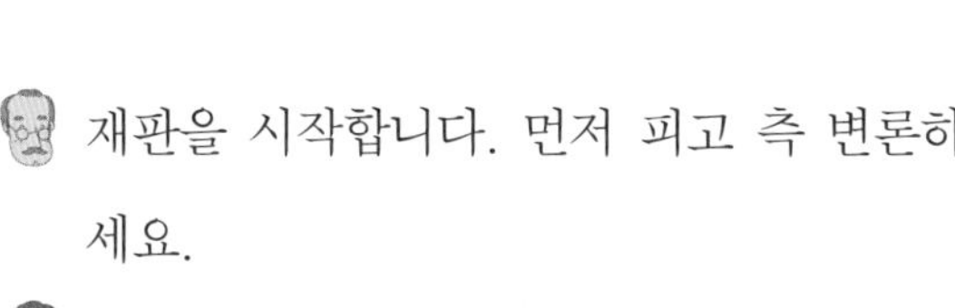

과연 이 퍼즐의 답은 있을까요?
수학법정에서 알아봅시다.

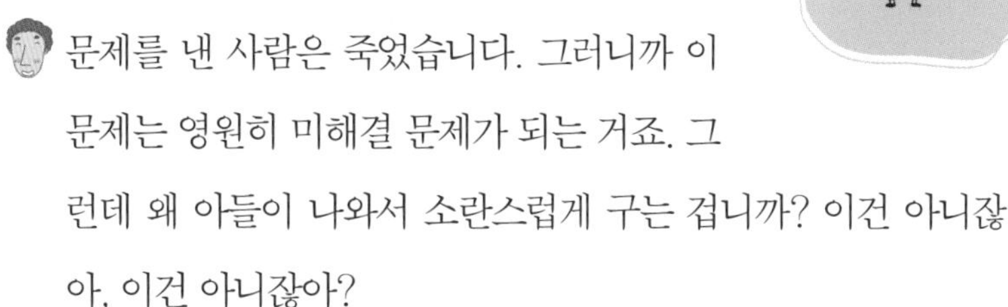

재판을 시작합니다. 먼저 피고 측 변론하세요.

문제를 낸 사람은 죽었습니다. 그러니까 이 문제는 영원히 미해결 문제가 되는 거죠. 그런데 왜 아들이 나와서 소란스럽게 구는 겁니까? 이건 아니잖아, 이건 아니잖아?

수피 변호사! 썰렁한 유행어 남발하지 말고 할 말만 해요.

알겠습니다. 이상입니다.

뭘 변론했다고 이상이야?

할 말은 다했는데요.

어이구! 원고 측 변론하세요.

성냥개비 퍼즐은 역사가 오래된 퍼즐입니다. 이 퍼즐에 대한 최고의 권위자인 이성냥 씨를 증인으로 요청합니다.

어떤 40대 남자가 성냥개비를 한 움큼 손에 쥐고 증인석으로 걸어 들어왔다.

증인이 하는 일은 뭐죠?

차원

차원이란 기하학적 도형, 물체, 공간 따위의 한 점의 위치를 말하는데 필요한 실수의 최소 개수를 말합니다. 이때 직선은 1차원, 평면은 2차원, 입체는 3차원이며 n차원이나 무한 차원의 공간도 생각할 수 있습니다

성냥개비로 퍼즐 만들고 풀고 그리고 심심하면 코도 파고 뭐든 합니다.

엉뚱하시군요. 그럼 본론으로 들어가, 이 문제의 정답이 있습니까?

있습니다.

어떤 방법이 있지요? 아무리 해 봐도 삼각형 세 개를 더 만들기에는 성냥개비의 수가 부족한 거 아닌가요?

평면에서 만들려니까 그렇죠?

그럼 입체?

바로 그겁니다. 다음과 같이 만들면 됩니다.

아하! 네 개의 면이 정삼각형으로 이루어진 정사면체가 되었군요. 그럼 게임 끝났군요. 판사님 판결 부탁해요.

판결합니다. 답이 있는 문제로 명백하게 밝혀진 만큼 대회 측에서는 문제를 출제한 사람의 아들인 스무피 군에게 소정의 상금을 지급할 것을 판결합니다.

딱 한 번만 지나가는 길

복잡한 길을 한 번씩만 거쳐서 모든 길을 지나갈 수 있을까요?

과학공화국의 세인츠 도시는 독특한 도로망으로 유명했다. 이 도로망은 처음부터 계획적으로 짜여졌다. 대부분의 직선 도로와 함께, 네 개의 곡선도로로 이루어졌다.

이 특이한 도로를 보기 위해 많은 관광객들이 세인츠를 찾았다.

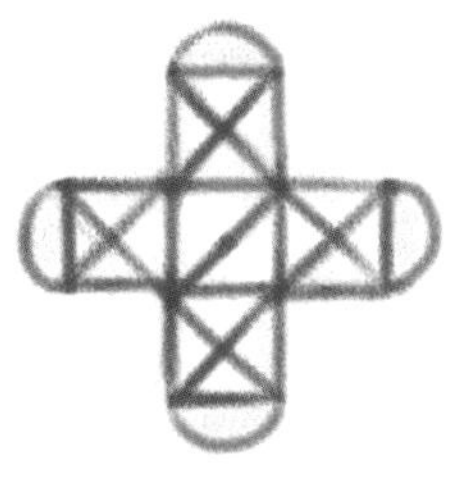

이 도시에서 가장 큰 하도리 버스 회사는 이 도로를 이용한 관광 상품을 만들어야겠다고 생각했다. 하도리 측은 모든 도로를 한 번씩만 도는 관광버스 노선을 만들겠다고 발표하였다. 사람들은 모두 다 그 의견에 긍정적인 반응을 보였다.

"세인츠가 좀 뽀대가 나긴 나죠."

"이 도시의 자랑 아니겠어요?"

"이번 관광버스 노선만 잘 만든다면 더 많은 사람들이 우리 세인츠 시를 찾을 것 같아요."

"도로를 돌면서 세인츠 시를 구경할 수 있으니까, 그런 재미도 쏠쏠할 것 같아요."

하도리 버스 회사는 이러한 사람들의 긍정적인 반응에 힘입어 즉각적으로 버스 노선을 만드는 데 열중하였다. 갔던 도로를 또 지날 경우에는 사람들의 재미가 반감될 수 있었다. 한 번 지난 길은 다시 지나가지 않는다는 규칙을 세우고 버스 노선을 세우기 시작했다.

하지만 경쟁 업체였던 마도리 버스회사 쪽에서 딴지를 걸어 왔다. 마도리 회사 쪽의 말에 따르면 결코 그러한 노선은 만들 수 없다고 했다.

"엄, 세인츠 시는 아쥬 독특한 도로망. 음, 이긴. 음 하지만. 그 도로. 엄, 단 한 번씩만 지나서, 암, 세인츠 시 전부를 통과하는. 음. 버스 노선은 결코 세울 수 없습니다. 한 번 간 길을 다시 가지 않고, 암. 한 번 만에 모든 도로를. 음, 다 지날 수 있겠어요? 하도리 회사 측은. 엄. 지금 말도 안 되는 소리를 하고 있는 거예요."

항상 흰 옷만 입고 다닌다는 마도리 회사 사장님의 공식 발표가 있었다.

이를 들은 하도리 회사 사람들의 반대하는 목소리가 컸다.

"말도 안 되는 소리는 마도리 측에서 하고 있는 것 같은데."

"그러게 저 사람 말하는 스타일 디게 웃겨."

"말이 전부 음. 암. 엄. 막 이래. 완전 웃겨."

"말이나 제대로 좀 배우고 오지. 으캬캬캬."

하도리 회사 사람들의 생각은 변화가 없었지만 지금까지 호응하던 시민들의 의견은 점점 갈라지기 시작했다. 하도리 회사 측에서 다시 기자 회견을 열어 분명 가능한 노선이라고 설명을 했다.

하지만 한 번 다른 의견이 나온 노선에 대한 혼란은 쉽게 가라앉지 않았다. 하도리 회사 측은 법의 힘을 빌리기로 했다. 법정에서 노선이 가능하다고 판결을 내려 주면 이러한 혼란은 금방 가라앉을 것이라고 생각하고, 수학법정에 소송을 하게 되었다.

홀수 점의 개수가 없는 도형에서 한붓그리기를 할 때는
어느 점에서 출발할 때나 가능하고, 홀수 점이 2개인 도형일 때는
한 홀수 점에서 출발하여 다른 홀수 점에서 끝나게 됩니다.

과연 이 도로를 한 번씩만 이용하여 제자리로 돌아올 수 있을까요?

수학법정에서 알아봅시다.

재판을 시작합니다. 피고 측 변론해 주세요.

판사님도 아시다시피 세인츠 시의 도로는 아주 복잡한 모양입니다. 그런데 어떻게 갔던 길을 안 가고 한 바퀴를 돌아올 수 있는 노선을 만들 수 있다는 건지 하도리 회사는 정말 갑갑할 따름입니다. 대책 없는 태도지요. 이런 악덕 사기 업주는 구속해야 합니다.

대책 없는 건 당신이잖소?

끙…….

원고 측 변론하세요.

노선연구소의 한노선 박사를 증인으로 요청합니다.

노란 재킷을 걸쳐 입은 30대 중반의 남자가 증인석으로 들어왔다.

증인이 하는 일은 뭐죠?

한 노선입니다.

누가 지금 이름 물어봤습니까?

한붓그리기

한붓그리기를 할 때 홀수 점이 0개인 도형은 아무 점에서나 시작해도 한붓그리기가 가능하며, 반드시 시작한 점에서 끝나게 됩니다. 반면 홀수 점이 2개인 도형은 홀수 점에서 시작해야만 한붓그리기가 가능하며, 반드시 시작한 홀수 점이 다른 하나의 홀수 점에서 끝나게 됩니다.

한 노선으로 만드는 일을 연구한다니까요.

그게 무슨 말이죠.

이런 수학을 한붓그리기 문제라고 합니다.

한붓그리기가 뭐죠?

어떤 도형에 대해 붓을 종이에서 떼지 않고 지나간 길을 다시 지나가지 않고 다시 제자리로 돌아오는 것을 한붓그리기라 합니다.

그럼 어떤 도형이 한붓그리기가 되죠?

홀수 점의 개수가 없거나 아니면 두 개여야 합니다.

홀수 점이 뭐죠?

한 점에 만나는 선의 개수가 홀수인 점을 홀수 점이라고 합니다.

그럼 이번 세인츠 시의 경우는 어떤지요?

홀수 점의 개수를 세어 보세요.

두 개군요.

그럼 한붓그리기가 가능합니다.

허허! 신기한 수학도 다 있군. 그렇다면 판결은 간단해졌습니다. 세인츠 시의 도로는 한붓그리기가 가능한 도형이므로 갔던 길을 가지 않고 한 바퀴를 돌 수 있다는 하도리 측의 주장은 정당하다고 판결합니다.

이기기만 하는 사다리타기

사다리타기를 할 때 다른 선들에 영향을 받지 않는
경로를 만들 수 있을까요?

"오늘도 편히 집에 가 볼까나."

"무슨 쏘리. 오늘 사다리의 제왕은 내가 되겠어."

"아이 엠 쏘리. 내가 이길걸. 음하하하."

"섭섭한 쏘리. 이 손이 안 보이니?"

제넬티스가 자신의 손을 번쩍이며 어깨에 힘을 빡 주고 나섰다. 오늘도 집으로 돌아가는 길에 과학공화국 남부 세네린 초등학교 아이들 네 명은 운동장에 모여, 일제히 한 장의 종이를 뚫어져라 쳐다보고 있었다.

"우아, 오늘은 페가수스 너야."

"오늘은 사다리 빨이 잘 안 먹히는데. 스타일 구기게 가방 네 개 다 들고 가야 되는 거야?"

"너 한 번도 사다리 빨 먹힌 적 없거덩."

카시오페가 페가수스에게 가방을 맡기며 말했다.

"내 가방은 소중한 거 알지?"

제넬티스도 가방을 페가수스에게 던지다시피 해 놓고는 꽃 미소를 날려 주고 있었다.

네 명은 학교에서도 꽤나 유명한 사고뭉치 사인방이었다. 페가수스, 카시오페, 토리모아, 제넬티스. 이 네 명은 어디서나 붙어 다닐 만큼 단짝이었다. 집도 같은 방향이라 학교 갈 때도 집에 돌아갈 때도 항상 같이 붙어 있었다.

얼마 전까지 꽃미남 놀이에 빠져 있던 넷은, 요즘은 자신들을 F4라 부르고 있었다. 그 사고뭉치 F4가 최근에 사다리타기에 재미를 붙인 것이다. 그들은 매일 집에 가는 길에 모두 운동장에 모여서, 사다리타기를 통해 한 명이 모두의 책가방을 들고 가는 놀이에 빠져 있었다.

"에이. 또 나야. 제넬티스는 만날 이기기만 해. 뭔가 냄새가 나."

"미안, 내가 뀌었어."

아까부터 속이 안 좋다던 토리모아가 말했다. 그렇게 열흘이 넘도록 사다리타기를 통해 책가방 들어주기를 정했지만, 신기하게 제넬티스는 단 한 번도 사다리타기에서 걸린 적이 없었다. 생각을 해보니 이제껏 사다리타기를 하기 위해 선을 긋는 역할은 늘 제넬티스가

해 왔었다. 분명 관련성이 있을 터였다.

"이상해. 아무래도 수상한 냄새가 나."

"미안, 또 나야."

의심하는 카시오페의 말에 토리모아가 끄억 하더니 엉뚱한 답을 했다.

"토리모아. 이제 방구 좀 그만 뀌어. 그리고 내가 말하는 냄새는 그 냄새가 아니란 말야. 매번 제넬티스가 안 걸리는데 뭔가 이유가 있을 것 같다고."

"제넬티스는 우리가 다 보는 앞에서 선을 긋잖아. 우리가 여기 긋자 하면, 거기도 긋고 그러는데."

방귀대장 토리모아가 대답했다.

"그러니까, 내가 운이 좋은 거라니까. 페가수스 너 오늘 가방 들기 싫어서 자꾸 나한테 맡기려는 속셈이지?"

"아냐, 좀 이상해서. 어떻게 늘 너만 쏙 빠지냐고."

그날 밤, 페가수스는 제넬티스를 제외한 나머지 두 친구에게 전화를 걸었다.

"생각해 봐. 무언가 있어. 그렇지 않고선 매번 제넬티스가 이길 리가 없어. 제넬티스가 늘 선을 그으려고 먼저 나서는 것도 그렇고. 내 머리론 이해가 되지 않아. 우리 수학법정에 한번 알아보자."

결국 사고뭉치 사인방은 사다리타기라는 희한한 문제로 수학법정에 서게 되었다.

사다리타기를 할 때 다른 선들에
영향을 안 받게 선을 그릴 수도 있습니다.

제넬티스는 왜 만날 사다리타기에서 이길까요?

수학법정에서 알아봅시다.

이번 재판은 초등학생들 사이에서 불거진 문제이므로 너무 심각하지 않게 재판을 진행합시다.

그건 제 전공입니다. 사다리타기는 운입니다. 즉 이길 때도 있고 질 때도 있지요. 내가 어디를 택한다고 내가 꼭 이긴다는 보장이 없습니다. 마치 동전을 던질 때 앞면이 나올지 뒷면이 나올지 모르는 것처럼 말입니다. 그러므로 그동안 제넬티스 군의 운이 너무너무 좋아서 그런 거지 무슨 문제가 있었던 것은 아니라는 것이 제 생각입니다.

정말 안 심각한 변론이야. 그럼 매쓰 변호사의 의견은요?

저는 좀 다르게 생각합니다.

어떻게요?

저는 그동안 제넬티스 군이 그린 사다리들을 유심히 관찰해 보았습니다. 그런데 이상한 점이 있더군요.

그건 뭐죠?

우선 가장 최근에 사다리타기를 한 것을 보지요.

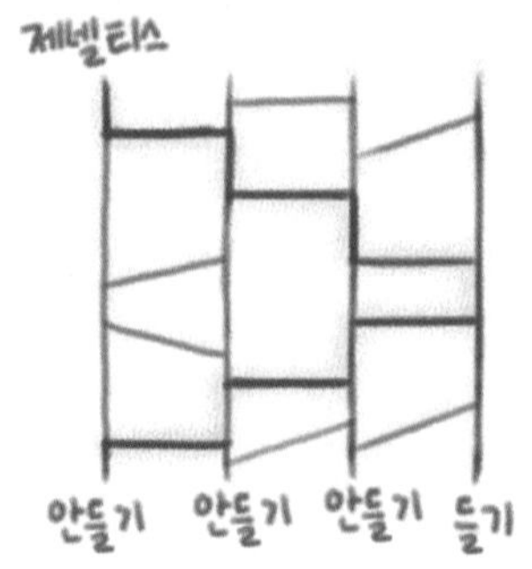

굵은 선으로 칠한 건 뭐죠?

제넬티스 군의 경로입니다. 제넬티스 군의 모든 사다리는 가장 오른쪽에 '책가방 들기'가 적혀 있고 신기한 점은 제넬티스 군은 항상 맨 왼쪽 선을 택했다는 점입니다.

그건 버릇일 수도 있잖아요?

제넬티스 군의 사다리는 제멋대로 그려진 것처럼 보이지만 사실은 굵은 선 경로에 다른 선들이 하나도 영향을 주지 않게 설계되어 있습니다. 즉 자신은 항상 '책가방 안 들기'로 가도록 설정하고 다른 친구들만 그때그때 달라지는 식이지요.

자세히 보니 정말 그래요. 굵은 선에 다른 선들이 영향을 주지 않아요. 그렇다면 판결은 명백해졌습니다. 아무렇게나 선을 그려 사다리타기를 해야 공정할 텐데 제넬티스 군은 어린 나이에 너무 꼼수를 부렸군요. 그러므로 향후 한 주 동안 제넬티스 군은 다른 아이들의 가방을 들어 줄 것을 판결합니다.

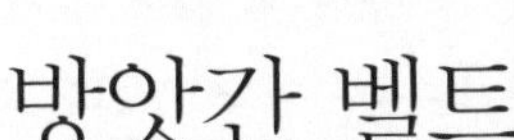

방앗간 벨트의 비밀

라이스 방앗간의 벨트가 금방 닳는 이유는 무엇일까요?

"축 개업. 라이스 방앗간!
새로운 서비스로 여러분들께 보답하겠습니다!"

"쿵더쿵 쿵더쿵."

미사랑 씨의 집 근처에 방앗간이 있었는데, 학교를 가려면 항상 그곳을 거쳐야만 했다. 매일매일 거치는 방앗간이 한 번도 질리지 않았다. 오히려 쌀 찧는 소리가 좋아서 계속 듣고 있다가 지각을 할 뻔하기도 한두 번이 아니었다.

"요, 쿵더쿵, 예. 찰떡쿵. 너는 쌀 찧고 나는 노래하고."

그 소리에 맞추어 랩을 웅얼거리면 친구들도 함께 따라하곤 했다.

어른이 된 미사랑 씨는 어린 시절 그 느낌을 잊지 못해 방앗간을 차리게 되었다. 요즘 시대에 맞지 않게 웬 방앗간 장사냐고 말하는 사람들이 많았지만, 어린 시절부터 쌀 찧는 소리와 함께 자라온 것이나 마찬가지인 미사랑 씨는 큰 고민 없이 방앗간을 하기로 맘먹었던 것이다. 쌀 찧어 내는 소리를 마냥 좋아했던 미사랑 씨는 방앗간이 동경의 대상이었다.

하지만 미사랑 씨는 방앗간에 대한 정확한 정보가 없었다. 그는 어쩔 수 없이 방앗간 기계를 전문으로 다루는 찰궁합 기계 업체에게 자신의 가게에 들여 올 기계들을 맡기게 되었다.

"요, 찰궁합 회사죠~ 내내내내가 방앗가안을 예, 만들려고 하는데요요요! 기계계계가 필요해요요요!"

모든 말을 힙합처럼 하는 미사랑 씨는 찰궁합 가게에 전화를 걸어 기계를 주문했다. 찰궁합 업체는 방앗간 기계를 들여놓은 후, 이리저리 벨트를 연결하였다. 한참 지나서 찰궁합 업체는 설치가 끝났다고 얘기하며, 장사가 잘되기를 빌어주었다.

"기계 설치는 끝났습니다. 방앗간이 번창하기를 빌겠습니다. 그리고 처음 이 장사를 시작하신 것 같은데, 혹시 기계에 이상이 있다거나, 다른 재료로 교체해야겠다 싶으시면 연락 주십시오."

"요 베이비, 당당당당연하죠. 옙 베이베."

미사랑 씨는 이제야 진짜 라이스 방앗간을 개업한 것을 실감할 수 있었다. 새롭고 깔끔한 이미지의 방앗간이라 많은 사람들이 그의 가게를 찾았다. 미사랑 씨는 자신의 가게를 운영하는 데 온힘을 기울였다. 다른 방앗간을 경영하는 사람들을 만나보는 시간을 통해 어떻게 경영해야 할지도 배워 나갔다.

장사가 잘 되어서 그랬던지, 방앗간 기계의 벨트가 금세 다 닳았다. 미사랑 씨는 얼른 찰궁합 기계 업체에 전화를 해서 벨트를 교체해 달라고 연락했다. 찰궁합 업체에서도 빨리 와 벨트를 교체해 주기로 하였다.

'역시 난 방앗간 일에 재능이 있었던 거야.'

미사랑 씨는 방앗간을 운영하는 자신의 능력에 감탄하며 홀로 방앗간을 배경으로 CF를 찍고 있었다.

"참새가 방앗간을 지나가던가요? 한 번 발들이면 그 유혹에서 빠져나올 수 없는 이곳, 싸리 방앗간간간."

한층 기분이 업된 미사랑 씨는 사랑스레 방앗간 구석구석을 살피고 있었다.

"띠리링……."

"품위가 있는 방앗간 싸리 방앗간입니다. 무엇을 도와드릴까요?"

"싸리 방앗간 사장님? 찰궁합입니다. 다름이 아니라 지금은 밸트 교체가 좀 어렵겠어요. 어쩌죠? 실은 기계 벨트가 다 닳아서 교체 중이거든요."

그 뒤로 잠잠히 전화를 듣고 있던 미사랑 씨는 얼굴이 점점 붉어지면서 화가 난 것처럼 보였다. 그러고는 전화를 끊자마자 찰궁합 업체의 벨트를 교체해 주는 사람에게 말했다.

"지금 이제 막 방앗간을 시작한 초짜배기라고 사람을 무시하는 거요? 이렇게 빨리 기계의 벨트가 닳을 리 없다던데, 이상한 벨트를 우리 기계에 설치해 준 거죠? 그렇지 않고서야, 이렇게 빨리 닳을 리가 없지요."

"무슨 오해가 있으신가 본데, 전 그저 교체해 주는 일을 맡는 사람이라 자세한 건 잘 모르겠지만, 일단 진정하세요."

"진정하게 생겼어요? 다른 방앗간에 물어봤더니, 지금보다 두 배는 더 쓸 수 있는 게 정상이라던데, 네? 뭡니까."

찰궁합 기계 업체의 정비 요원도 당황했다. 그는 어쩔 줄 몰라 하더니, 일단 회사에 전화를 해 말해 보라는 말만 남긴 채, 라이스 방앗간을 나섰다.

"일처리를 이렇게 하면 어쩌란 거야?"

미사랑 씨는 생각하면 할수록 더욱 화가 났다. 자기가 믿고 맡긴 업체에 무언가 꿍꿍이가 있는 듯하였다.

'회사에 전화한다고 뭐가 달라져. 쓸데없는 변명만 늘어놓을 게 분명해. 이 사람들을 가만두나 봐라. 좋아. 내가 화나면 얼마나 무서운 사람인지 보여 주겠어.'

결국 미사랑 씨는 곰곰이 생각하는 듯하더니, 찰궁합 기계 업체를 수학법정에 고소하였다.

뫼비우스의 띠는 좁고 긴 직사각형 종이를 180°로 한 번 꼬아서 끝을 붙인 곡면 형태의 도형으로, 이 명칭은 독일의 수학자 A.F. 뫼비우스가 처음으로 제시하면서 붙인 이름입니다.

어떻게 하면 방앗간 벨트를 오래 쓸 수 있을까요?

수학법정에서 알아봅시다.

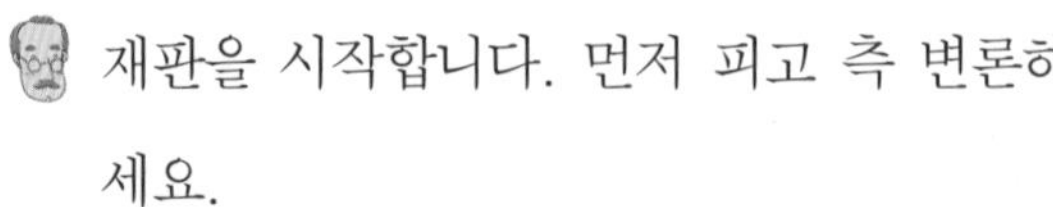

재판을 시작합니다. 먼저 피고 측 변론하세요.

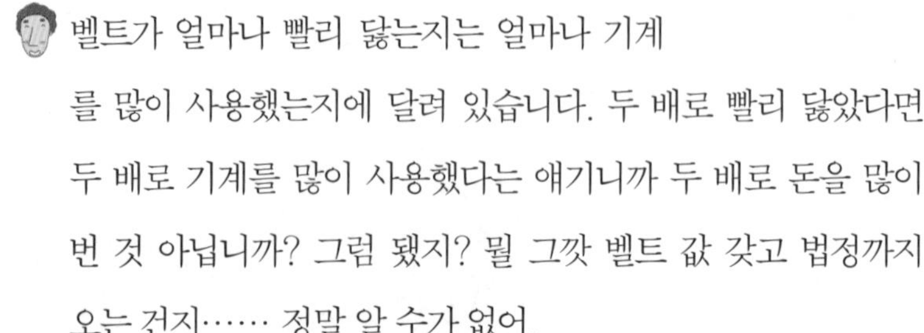

벨트가 얼마나 빨리 닳는지는 얼마나 기계를 많이 사용했는지에 달려 있습니다. 두 배로 빨리 닳았다면 두 배로 기계를 많이 사용했다는 얘기니까 두 배로 돈을 많이 번 것 아닙니까? 그럼 됐지? 뭘 그깟 벨트 값 갖고 법정까지 오는 건지…… 정말 알 수가 없어.

원고 측 변론하세요.

저는 이상한 곡면 연구소의 모비스 박사를 증인으로 요청합니다.

머리에 두건을 한 번 꼬아서 두른 이상한 복장의 사내가 증인석에 앉았다.

증인은 무슨 일을 하고 있지요?

뫼비우스 띠를 연구합니다.

그 띠가 뭐에 쓰는 물건이죠? 새로 나온 허리띠인가요?

매쓰 변호사! 수치 변호사에게 감염되었소? 웬 헛소리를 하는 거요?

죄송합니다. 처음 들어 보는 이름의 띠라서.

기다란 직사각형을 한 번 비틀어 양쪽 끝을 이어 붙인 도형을 뫼비우스 띠라고 부릅니다.

그게 어떻게 생긴 거죠?

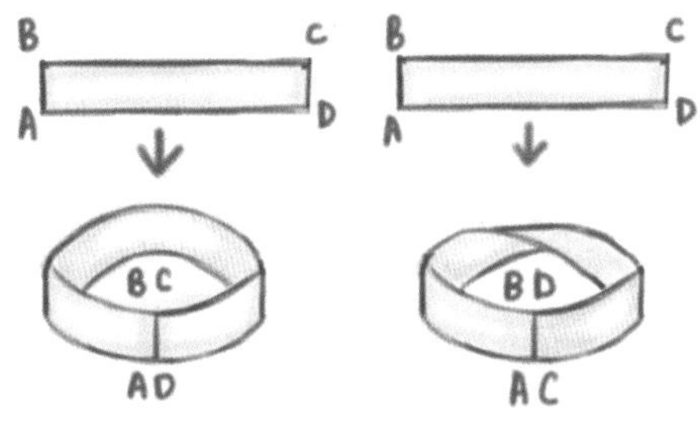

다음 그림을 보시죠.

왼쪽처럼 직사각형을 한 번 꼬지 않으면 일반적인 원기둥 모양의 띠가 됩니다. 그런데 한 번 꼰 다음에 이어 붙이면 오른쪽 그림처럼 되는데 이것을 뫼비우스의 띠라고 부릅니다.

무슨 차이가 있지요?

원기둥 모양의 띠는 안과 밖의 구별이 있지만 뫼비우스의 띠는 안과 밖의 구별이 없습니다.

그게 무슨 말이죠?

원기둥 모양의 띠 외부에 칠을 하면 밖은 칠해지고 안은 칠해지지 않습니다. 하지만 뫼비우스의 띠는 어느 곳부터 칠하기 시작해도 모든 곳이 다 칠해지지요.

이것과 방앗간 벨트와 무슨 관계가 있지요?

방앗간 벨트는 한 번 꼬아서 모터에 겁니다. 즉 뫼비우스 띠로 만들지요. 만약 꼬지 않으면 벨트의 안쪽만 회전하는 모터와 닿게 되어 금세 닳지만, 꼬아서 뫼비우스 띠로 걸면 안팎의 구별이 없으므로 벨트의 모든 곳을 골고루 모터에 닿게 하여 벨트의 수명을 두 배로 늘릴 수 있으니까요.

정말 신기하군요! 정말 이상한 띠예요.

판결은 간단해졌군요. 방앗간 기계를 만들면서 뫼비우스의 띠에 대해서 모르다니. 제발 자기 업종에 대한 자부심과 함께 연구를 좀 하면서 장사를 하면 좋겠어요. 그것이 우리 과학공화국이 번영하는 길일 테니까요. 알겠습니까?

모두들 판사의 오버하는 행동에 숙연해졌다. 그리고 얼마 후 찰궁합 기계업체는 뫼비우스 띠로 벨트를 건 기계를 만들어 내기 시작했다. 물론 미사랑 씨의 방앗간 벨트도 뫼비우스의 띠가 되었다.

4차원 주사위

4차원 주사위는 몇 개의 입체로 되어 있을까요?

김은둔 씨와 오나가 씨는 세상에 둘도 없는 친구였다. 두 사람의 인연은 부모님 대에서부터 시작되었다. 두 사람의 부모님은 같은 학교 동료 교수였다. 부모님들의 전공은 수학이었다. 같은 학교의 같은 전공인 부모님을 두다 보니 두 사람은 어린 시절부터 알고 지낼 수밖에 없었다. 사실 두 사람이 여자와 남자로 태어났더라면 이미 부모님 사이에서 결혼을 약속해 버렸을 정도로 두 사람의 부모님도 친분이 상당했다.

"김 교수, 자네가 딸을 낳고 내가 아들을 낳았더라면 우리가 사돈이 될 수도 있었는데 말이야."

"그러게 말일세, 오 교수. 둘 다 사내애를 낳아서 우리가 사돈이 될 가능성은 없겠어."

"우리 뒤를 이어 두 녀석 모두 계속 수학을 공부해 주었으면 좋으련만."

"내 말이 그 말일세, 우리가 연구하고 있는 이 분야를 계속 연구해 주었으면 좋겠어."

김 교수와 오 교수는 시간을 쪼개고 쪼개어 수학 연구에 몰두하면서도 학문에 대한 열의가 식을 줄 몰랐다. 그래서 대를 물려서라도 학문을 이어가고 싶어 했다.

김은둔 씨와 오나가 씨는 이렇게 수학에 열성적인 아버지를 둔 덕에 어릴 때부터 자연스레 수와 친할 기회가 많았다. 온 집안이 수학 관련 책으로 가득했던지라 장난감보다 책이 더 익숙한 편이었다.

그리고 김 교수와 오 교수가 워낙 친한 덕에 김은둔 씨와 오나가 씨는 서로의 집에서 지낼 시간이 많았다. 그렇게 어려서부터 봐 왔던지라, 두 사람은 거의 형제 이상의 정이 쌓여 있었다. 두 사람은 아버지들의 기대처럼 수학에 관심이 많았다. 어린 시절부터 수학시험이라면 특별한 준비 없이 쳐도 늘 백점을 맞아 왔다.

"이건 내 자랑 같지만, 학교 수학 문제는 너무 쉬워. 중학생인 내가 풀기엔 유치원 수준의 문제가 너무 많은 것 같아."

"나도 사실 내 자랑 같아서 말은 안 했는데, 수학 시험 시간은 너무 따분해, 십 분도 안 되어서 문제가 다 풀려. 한국의 수학 교육 문제 있다고 봐."

"역시, 넌 내 베프야. 내가 이런 말을 하면 아무도 공감하지 않았어. 오히려 눈치를 주었을 뿐이야."

"나도 그랬어, 완전 잘난 척 장이에 재수 없다고 하는 애들이 얼마나 많았는데. 역시 말이 통하는 건 너밖에 없구나."

수학에 있어서는 워낙에 똑똑했던지라 자신들은 당연하다 여기는 것들을 왜 다른 친구들은 이해를 못하는지 두 사람은 도무지 알지 못했다. 그들은 서로를 아주 잘 이해하고 있었다. 수학적 지식이 남달랐던 만큼 수학 공식에 대한 이야기도 잘 통했다.

두 사람이 각종 수학 대회를 휩쓸었음은 당연했다. 각종 수학 학회지에서는 천재 수학자들의 탄생이란 이름으로 김은둔과 오나가의 이름이 자주 오르내리곤 했다.

두 사람은 수학 특기자로 고등학교 졸업도 일 년이나 앞당겨서 했다. 한 살씩 나이를 먹으면서 두 사람이 연구하고자 하는 분야가 확연히 갈라지기 시작했다. 김은둔 씨는 차원에 대한 연구를 했고, 오나가 씨는 수 체계에 대한 연구를 했다.

"아무래도 수를 좀 더 살펴봐야겠어. 수의 이론으로 연구 방향을 잡아야겠다."

"그래, 나가. 넌 어릴 때부터 수에 있어서라면 완전 박식했어. 물론 다른 수학 분야에 있어서도 내가 유일하게 인정한 녀석이지만, 수라면 네가 연구해 볼 가치가 있는 분야일거야."

"근데, 넌 어느 쪽으로 연구 방향을 잡을 거야?"

"난 1차원에서 4차원까지 차원의 세계를 연구해 보려고 해."

"그래? 의외인걸."

김은둔 씨가 도형 쪽으로 연구를 할 것이라고 생각했던 오나가 씨가 의외라는 반응을 보였다.

"어차피 도형도 내가 연구하려는 분야에 포함되는 거니깐 좀 더 포괄적으로 연구하는 것이라고 생각하면 무리는 없을 것 같아."

"물론, 너 역시 내가 인정한 유일한 꼬마 수학자였지만, 그래도 도형보다 더 복잡하고 너른 세계가 될 것이야."

"각오하고 있어, 수학의 세계라면 어디라도 좋아."

두 사람은 각자의 길을 정하자 서로에게 격려를 아끼지 않았다. 대학을 졸업하고 석사학위와 박사학위를 받으면서 두 사람은 연구 분야에 더 집중하고 있었다. 두 사람 모두 똑똑한 수학자였지만 수학의 길이 워낙 방대하고 어렵다 보니 두 사람에게도 시련은 닥쳐왔다.

"도무지 이 소수론이 깔끔하게 풀리질 않아. 답이 잡힐 듯 잡힐 듯 잡히질 않아."

"연결 고리 하나만 찾으면 탁탁 맞아 떨어질 건데 말이지."

"그러게나 소수론이 마지막에 와서 이렇게 속을 썩일지 생각도 못했는데 말야."

"그러니까 수학은 아무나 하는 게 아니잖아, 잘해 봐. 분명 답을 구해 낼 수 있을 거야."

몇 년을 연구해 왔던 소수론에 대한 해답을 찾지 못하는 오나가 씨를 보며 김은둔 씨가 위로하고 있었다.

"이럴 땐, 차라도 한잔 마셔 주면서 머리를 회전시키는 게 좋아."

"이렇게 되고 나니 차 마실 힘도 없어."

"아냐, 이럴 때일수록 머리를 회전시킬 필요가 있다고. 과부하 걸린다니깐."

김은둔 씨가 오나가 씨를 데리고 근처 카페로 갔다. 카페에서 머리를 식히며 두 사람은 성냥개비로 수학 놀이를 하고 있었다.

"우리, 머리 식히러 와서 이게 뭐니, 여기서도 성냥개비로 소수론 맞추고 있잖아."

"어쩔 수 없어, 평생 이것만 하고 살았는데, 습관이 무서운 거야."

두 사람은 계속 손으로 성냥을 만지작거리고 있었다. 그때, 오나가 씨가 테이블을 박차며 일어났다.

"그래, 바로 이거야!! 이거!!"

"왜 그래, 왜 그래?"

오나가 씨의 비명과도 같은 소리에 김은둔 씨가 놀라며 말했다.

"나 답을 찾은 것 같아. 다 네 덕이야. 이 성냥이 다 해결해 줬어. 미안하지만 나 먼저 갈게."

오나가 씨가 어찌나 흥분했던지 김은둔 씨가 말릴 틈도 없이 오나가 씨는 카페를 나가 버렸다. 그 길로 카페를 나간 오나가 씨는 도무지 연락이 되지 않았다. 무슨 일이 있어도 김은둔 씨에게만은 연락을 했는데, 아무리 연락을 하려고 해도 어디 있는지조차 알 수가 없었다.

처음에는 걱정이 되어 찾고 찾던 김은둔 씨도 점점 지쳐 가고 있었다. 그렇게 어느 날 문득 사라졌던 오나가 씨는 멋지게 정수론을 완성해서 돌아왔다. 학회에서는 오나가 씨의 정수론에 대한 칭찬이 끊이질 않았다.

"글쎄, 이번에 오나가 씨가 정수론을 완벽하게 정리해서 돌아왔대요."

"갑자기 자취를 감추었다 싶었더니, 역시 뜻한 바가 있어서 그랬던 것이구만."

"오나가 씨 이번 정수론은 학회에서도 엄청나게 공을 들여오고 있던 문제라, 오나가 씨의 수학자로서의 위상은 훨씬 올라가지 싶어요."

하지만 김은둔 씨는 오랜 세월 연락도 없이 사라졌던 오나가 씨가 너무 서운했다. 김은둔 씨는 아무리 수학이 좋다고 해도 가장 친한 친구에게까지 연락을 하지 않을 만큼 중요한 일인가 하는 생각이 들었다. 그동안 혹시나 무슨 일이 있나 해서 걱정했던 시간이 아까울 만큼 김은둔 씨는 서운해 하고 있었다. 더군다나 돌아와서도 김은둔 씨를 찾아오기는커녕 학회로 바로 달려간 오나가 씨의 모습은 완전 실망 그 자체였다.

'어떻게 이럴 수가 있느냔 말이지, 내가 저를 얼마나 찾았는데, 내가 자기의 공을 알면 뭐 뺏어 가기라도 하나? 그날 나 때문에 괜히 차 마시고 혹시 돌아가다 잘못된 건 아닌지 얼마나 걱정을 했는데. 이제야 나타나서 연락도 없고. 그래 두고 보자. 나도 이제 내 연구에만 들어간다.'

김은둔 씨는 그동안 오나가 씨를 걱정하느라 소홀히 했던 자신의 연구 시간들이 아까워졌다. 그리하여 김은둔 씨도 세상을 등지고 자기만의 연구에 들어가기로 결심했다. 그렇게 세상과 인연을 끊고 김은둔 씨도 자기의 연구에 몰두하고 있었다.

김은둔 씨는 하루 종일 산속에 틀어박혀서 밥 먹는 시간만 빼고는 공부에만 전념했다. 방은 수학 책으로 가득했고, 심지어는 잠도 책 위에서 잘 정도였다.

하지만 김은둔 씨의 연구는 도무지 해결의 기미를 보이지 않았다. 처음 시작할 때 오나가 씨의 말처럼 워낙 넓은 연구 분야라 끝이 없이 보이기만 했다.

'그래도 여기서 멈출 순 없지. 오나가도 해 냈는데, 내가 왜 못해. 두고 봐라. 우정을 배신하고 수학을 택한 대가를 내가 배로 갚아 줄 거야.'

끝없는 수학의 세계에서 포기하고 싶은 마음이 밀려올 즈음이면 김은둔 씨는 오나가 씨를 생각하며 이를 악 물었다.

그렇게 세월이 흐르고 흘러 김은둔 씨도 거의 자기가 연구하는 분야의 해답을 찾아가고 있었다. 얼마나 수학에만 머리를 썼던지 머리는 땅에 끌릴 만큼 길어 있었고, 수염도 배꼽까지 오는 것이 도인의 모습에 가까웠다.

"이제 곧 답이 나오겠군, 답이 나오는 데서 그치는 것이 아니라 상품까지도 생산할 수 있겠어. 하하하. 정수론 따위와는 비교도 안 될 논문이 발표될 것이야."

김은둔 씨는 거의 확신에 차 있었다. 드디어 김은둔 씨는 세상에 모습을 드러내기로 결심했다.

"내가 나가면 분명, 큰 환영을 받을 거야. 그리고 내 연구는 오래도록 기억되겠지. 그래. 나도 해낸 것이야."

세상으로 돌아온 김은둔 씨는 학회를 찾아 자신이 4차원의 주사위를 만들 수 있다고 했다.

"오랜 세월 4차원 주사위에 대해 연구했습니다. 이젠 때가 되었습니다."

이렇게 말문을 열었던 김은둔 씨는 4차원 주사위에 대해 설명했다.

"4차원 주사위는 8개의 3차원 주사위로 둘러싸여 있습니다. 우리와 같은 3차원 인간에게는 잘 이해되지 않겠지만 분명 이러한 입체도형을 만들 수 있는 방법이 있습니다. 제가 수년 동안 연구해 온 것이 그 부분입니다. 그리고 저는 답을 알아냈습니다."

하지만 수학회의 입장은 냉담했다. 그런 것은 있을 수도 없으며 쉽게 납득되지도 않는다는 반박이 빗발쳤다.

“그런 게 어디 있습니까? 한동안 보이시지 않더니 수학적 감을 잃으신 것 같군요.”

“아닙니다, 분명 있습니다. 제 설명을 조금만 신경 써서 들으시면 이해하실 겁니다.”

오나가 씨를 꼭 이기고야 말겠다던 김은둔 씨의 주장은 꺾일 줄을 몰랐다. 도무지 자신의 의견을 숙일 줄 모르는 그의 모습에 수학회 사람들도 혀를 내두르고 있을 정도였다. 결국 수학회 사람들은 그의 고집을 당해 낼 수 없어 김은둔 씨를 사기 혐의로 고소하기로 했다.

사차원 도형은 이론상으로만 가능할 뿐
현실적으로는 존재할 수 없습니다.

4차원의 주사위가 있을까요?

수학법정에서 알아봅시다.

재판을 시작합니다. 먼저 원고 측 변론하세요.

4차원, 그거 만화영화나 SF영화에 나오는 얘기 아닙니까? 그런 차원이 어디 있어요? 우리는 3차원에 살고 있어요. 그런데 뜬금없이 나타나서 수학을 어지럽히는 김은둔 씨를 사이비 수학 보급죄로 처벌해 주실 것을 부탁드립니다.

피고 측 변론하세요.

이번 변론은 제가 직접 하겠습니다.

그러세요. 그런데 차원이 뭐죠?

점은 0차원, 선은 1차원, 면은 2차원, 입체는 3차원이지요.

그럼 4차원은?

그건 초입체라고 부르는 도형이 됩니다.

그럼 4차원 주사위는 뭐죠?

우선 1차원 주사위를 알아야 합니다.

1차원이면 직선인데 주사위라뇨?

1차원 주사위는 두 개의 점으로 둘러싸인 선분입니다.

그럼 2차원의 주사위는요?

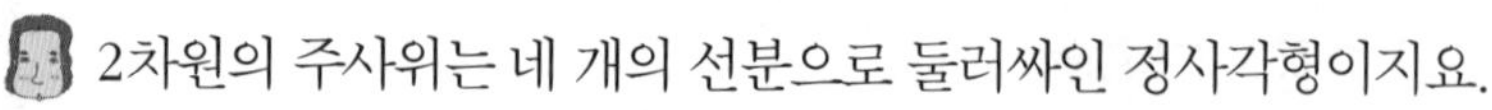

2차원의 주사위는 네 개의 선분으로 둘러싸인 정사각형이지요.

그럼 3차원 주사위는요?

그게 바로 우리가 항상 가지고 노는 주사위지요. 6개의 정사각형으로 둘러싸인 정육면체가 바로 3차원의 주사위입니다.

그럼 4차원 주사위는 입체로 둘러싸여 있나요?

네, 8개의 정육면체로 둘러싸여 있지요.

그건 왜죠?

차원이 커질수록 둘러싸고 있는 도형의 수가 2개씩 늘어나잖아요?

그렇군요. 하지만 어떻게 생겼는지는 필이 안 오는데요.

꼭짓점의 개수를 살펴보세요. 다음과 같지요.

1차원 ·· 2개

2차원 ·· 4개

3차원 ·· 8개

꼭짓점의 개수가 2^1, 2^2, 2^3으로 변하는군요.

그러니까 4차원 주사위의 꼭짓점의 개수는 $2^4=16$이니까 16개가 되지요.

모서리의 개수는요?

3차원 주사위의 모서리의 개수는 몇 개죠?

12개요.

어떻게 구했죠?

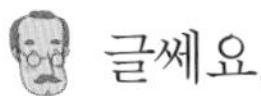
글쎄요.

3차원에서는 한 점에 서로 수직인 3개의 선분이 만나죠? 그리고 점은 8개이니까 선분의 개수를 헤아리면 $8 \times 3 = 24$이고, 이것을 2로 나누면 되지요.

2로 왜 나누죠?

그건 하나의 선분이 2번씩 헤아려졌기 때문이죠.

아하 그렇군요.

4차원 주사위의 점은 16개이고, 한 점에 4개의 선분이 만나니까 $4 \times 16 = 64$가 되고 이것을 2로 나누면 32개가 되네요.

그럼 이제 면의 개수만 구하면 되는군요.

먼저 2차원 주사위를 봐요. 한 점에 몇 개의 선분이 붙어 있죠?

정사각형이니까 2개요.

그럼 3차원 주사위에서 한 선에 몇 개의 면이 붙어 있죠?

2개요.

그러니까 4차원 주사위에서도 하나의 면에 2개의 입체가 붙어 있을 거예요. 그럼 면의 개수를 f라고 하면 한 면에 2개씩의 입체가 붙어 있으니까 우선 $f \times 2$개의 입체를 생각해야 되고 하나의 입체는 6개의 면을 가지고 있으니까 6으로 나눠야 입체의 개수가 되지요.

왜 6으로 나누죠?

6번씩 중복해서 헤아렸으니까요. 그래서 입체의 개수는

$\frac{f \times 2}{6}$ 가 되지요. 그런데 4차원 주사위의 입체 수는 8개이니까 $\frac{f \times 2}{6} = 8$에서 $f = 24$가 되지요. 그러니까 정리하면 다음과 같아요.

4차원 주사위

4차원 주사위는 16개의 꼭짓점, 32개의 모서리, 24개의 면, 8개의 입체를 가지고 있다.

놀라워요. 매쓰 변호사! 더 재판할 필요가 없군요. 완벽해요. 김은둔 씨의 논문을 완벽하게 이해하고 변론을 준비했군요.

실은 김은둔 씨에게 과외를 받았습니다.

김은둔 씨의 논문을 수학회는 당장 인정하세요. 그리고 그에게 수학 최고의 상을 수여하도록 하세요.

뱃살 체크기

휘어진 공간의 각도는 어떻게 잴까요?

김뚱 씨는 유신 씨와 대학 동창이었다. 두 사람은 삼년 전 같은 대학 사학과에 입학했다. 대학을 갓 졸업한 두 사람은 대학이란 새로운 문화에 적응하느라 바쁜 하루하루를 보내고 있었다. 그런데 각 대학은 신입생들 적응 프로그램의 일환으로 오리엔테이션을 했다. 두 사람이 만난 것은 이 오리엔테이션 현장에서였다.

유신 씨는 어릴 때부터 알아주는 얼짱이었다. 유신이라고 하면 옆 학교에서도 그 이름만 들어도 기절할 정도였다. 만화같이 이쁜 눈에, 오똑한 콧날에, 백옥 같은 피부까지 뭐 하나 빠지는 것이 없었다. 꾸미지 않고도 그렇게 예쁘던 유신 씨는 대학생이 되자 미모가 더더욱 빛을 발했다.

유신 씨는 미모뿐만 아니라 똑똑하기까지 했다. 다른 사람들이 모두 대학 이름에 목숨을 걸고 있을 때, 유신 씨는 학과에 좀 더 집중하고 있었다. 유신 씨는 어린 시절부터 역사 이야기라면 눈을 동그랗게 뜰 정도로 좋아했다. 그렇게 좋아하는 것을 따라서 유신 씨가 택한 전공이 역사였다.

한편 김뚱 씨는 어릴 때부터 알아주는 뚱보였다. 김뚱 씨도 자세히 뜯어보면 잘생긴 얼굴이었는데, 살이 그 모습을 가리고 있었다. 대신 김뚱 씨는 아주 머리가 좋았다. 그래서 김뚱 씨는 학교에서 한 번도 일등을 놓치는 법이 없었다.

이렇게 다른 두 사람은 같은 학교 동기로 입학하게 되었던 것이었다. 유신 씨와 같은 어여쁜 후배를 받은 사학과에서는 유신 씨가 입학하기 전부터 얼마나 소문이 무성했는지 몰랐다. 물론 신입생인 김뚱 씨도 유신 씨의 소문은 익히 들어서 알고 있었다. 하지만 한 번도 유신 씨를 본 적은 없었다.

"우리 과에, 완전 퀸카가 들어왔대."

"이름이 뭐라더라? 유신 맞지?"

"응, 맞어. 너무 이뻐서 여기저기서 미인대회에 나가 보라고 난리도 아니었대, 근데 자기가 학생은 공부해야 한다고 거절했다던데."

"기대 백배야. 장난 아니겠는걸. 이제 이 삭막한 사학과에도 꽃

한 송이가 피는 것인가!"

선배들의 기대가 큰 만큼 여자 동기들의 질투는 더해 갔다.

"어디, 유신이만 후밴가, 우리도 후밴데."

"역시, 여자는 예쁘고 봐야 하나."

"너도 잘생긴 남자가 좋잖아. 어쩔 수 없는 본능이야."

"그래도 좀 서운해. 후배를 고루 아끼는 마음이 없어. 기본적으로. 흥!"

이렇게 입학부터 이슈를 몰고 다닌 유신도 학과 오리엔테이션에 참여했다. 오리엔테이션은 선후배가 얼굴을 익히고 동기들과도 친목을 도모하는 곳이었다. 그간 자신에 대한 좋지 못한 소문까지 다 아는 유신은 이참에 친구들과 친해져야겠다는 다부진 각오로 오리엔테이션에 왔다.

'남자애들과만 친한 건 이젠 지쳤어. 여자 친구들도 많이 사귀고 싶어. 내가 좀 더 친근하게 다가가면 친구가 될 수 있을 거야.'

하지만 여자 동기들의 태도는 의외로 완강했다. 사실 유신이 여자 동기들에게 잘못한 것은 아무것도 없었다. 단지 너무 예뻤기에 자신의 의도와는 상관없이 많은 남자 선배들의 사랑을 받고 있던 것뿐이었다.

"저기, 난 유신이야. 나도 03학번인데, 우리 같은 학번인 거지?"

"네가 유신이구나. 이름 말하지 않아도 알겠어. 소문이 너무 자자해서 말이야."

"응? 무슨 소문?"

"예쁘다고 소문 자자한 유신 아냐? 딱 봐도 알겠다. 우린 그럼 못생겨서 이만."

남자 선배들과 동기들의 관심 속에서도 유신은 너무 마음이 아팠다. 자기도 여자 친구들과 잘 지내 보고 싶은데, 그게 잘 안 되었다. 아무리 다가가도 여자 친구들은 냉담하게 대하고 있었다. 그래서 유신은 곁에 있는 남자 동기, 선배들이 하나도 반갑지 않았다.

'대학교에서도 여자 친구는 하나도 없겠다. 참 슬프네.'

쓸쓸하고 아픈 맘에 유신은 힘이 하나도 없었다. 곁에 있는 남자 동기, 선배들은 그저 유신의 눈에 들기에만 급급했다. 유신은 더 이상 이런 분위기가 싫었다. 그때 저 한쪽 구석에서 유신은 김뚱을 보았다. 김뚱은 은근히 사교성이 좋았다. 김뚱의 유머는 초 울트라 특급이라 주변에 여자 동기들이 끊이질 않고 있었다.

"김뚱 완전 코미디언이다. 요즘은 웃긴 남자가 대센데."

"내가 한 유머 두 유머 해."

"너 최고 웃겨, 진짜 공부만 했다더니 유머까지 되는구나."

"내가 몸짱에서 좀 밀려서 그렇지 딴 건 다 괜찮아."

김뚱 주변에 있는 친구들은 뭐가 그리도 재미있는지 배꼽을 잡고 까르륵 거리고 있었다. 그렇게 한참을 웃던 김뚱의 눈에도 유신이 들어왔다. 김뚱 역시 유신의 유명세는 익히 들어오던 터라 한눈에 유신을 알아보았다. 유신을 본 김뚱은 할 말을 잃었다. 하지만 감정

표현에 워낙 서툴었던 김뚱은 다른 동기들처럼 유신을 좋아한다는 표현마저 못하고 있었다.

'우아, 진짜 예쁘다. 선녀 같아. 어흑.'

때마침 김뚱 쪽을 보고 있던 유신은 김뚱에게 조금씩 관심이 생기기 시작했다.

'저 애는 무슨 이야기를 하길래, 여자애들이 저렇게 많이 몰리지? 참 친해지고 싶은 아이다. 은근히 매력 있네.'

유신도 말은 못했지만 점점 김뚱과 친해지고 싶다는 생각이 짙어 가고 있었다. 하지만 두 사람 모두 서로에게 관심을 표현하기에는 의외로 수줍음이 너무 많았다. 그렇게 오리엔테이션 내내 두 사람은 서로를 흘끗거리며 훔쳐보기만 했다.

그러던 어느 날 두 사람은 같은 전공 수업을 듣게 되었다. 그 전공 수업에서 발표할 기회가 있었는데, 두 사람이 한조가 되어 하나의 주제를 가지고 발표를 해야 했다. 그런데 공교롭게도 김뚱과 유신 두 사람이 같은 조가 되어 버린 것이었다. 평소 서로 다가서지도 못하고 속만 끓이던 두 사람은 속으로 야호를 외치고 있었다.

"저기, 난 김뚱이라고 해. 난 네 소문 익히 들어서 알고 있어. 내 이름은 처음 듣지?"

"저기, 사실 나도 너 알고 있었어. 오리엔테이션에서 봤어. 여자 동기들에게 인기가 엄청 많아 보이더라고. 디게 부럽더라."

"정말? 난 네가 나같이 평범하고 뚱뚱한 사람은 알지도 못할 거라 생각했는데."

"사실은 은근히 너랑 친하고 싶었는데, 너에게 말을 걸 용기가 없었어."

유신의 이 말을 들은 김뚱은 날아갈 듯 기뻤다.

"미안, 내가 먼저 말을 걸었어야 했는데, 넌 우리 학교 퀸카잖아. 보시다시피 난 너와 비교하면 넘 뚱뚱하고 못생긴 것 같아서 자신이 없었어."

이렇게 발표 수업을 계기로 두 사람은 매우 친해졌다. 김뚱과 친한 덕에 유신은 다른 여자 동기들과도 서서히 친해질 수 있었다. 김뚱과 함께하는 유신은 항상 유쾌했다. 김뚱은 예쁜 여친 유신과 다니는 것이 상당히 자랑스러웠다. 두 사람은 은근히 잘 맞았다. 생긴 것은 극과 극이었지만 취향이 그렇게 잘 맞을 수가 없었다.

"신아, 오늘은 우리 무슨 영화 볼까?"

"내 취향 알잖아. 그걸로 해."

"좋았어. 그걸로 하지 뭐."

딱히 내용을 말하지 않고도 눈짓만으로도 통할 만큼 두 사람은 친했다. 전공도 같아서 수업도 거의 같이 듣는 편이었고, 그러다 보니 자연 같이 있는 시간도 많았다.

시간이 흐를수록 두 사람은 서로에 대해 조금씩 스트레스를 받기 시작했다. 김뚱의 경우엔 유신 근처에 남자 친구들밖에 없는 것이 상당히 신경 쓰였다. 유신의 경우엔 김뚱이 건강을 위해서라도 조금만 살을 빼 주었으면 좋겠다는 은근한 바람이 있었다. 이런 마음이 쌓이고 쌓여 가다가 두 사람은 솔직하게 대화를 하게 되었다.

"뚱아, 난 네가 조금만 살을 뺐으면 좋겠어. 외모를 생각해서 그런 것이 아니라, 조금만 살을 빼면 더 건강해질 수 있을 것 같아."

"나도 알아, 그치만 잘 안 된다고. 흥!"

"에이, 너 삐치라고 한 말이 아니라, 내가 널 정말 아끼니까 하는 말이야."

"그건 알아, 근데 내가 네 친구들에 대해 예민해서 그런가 봐 아마."

김뚱의 말을 들은 유신은 어리둥절했다.

"그게 무슨 말이야?"

"저기, 니 친구들은 거의 남자잖아. 근데, 니 남자 친구들은 다들 너무 멋있기만 해. 그래서 내가 너무 위기의식을 느낀다고."

"뭐라고? 하하하. 이 바보야, 내 눈에는 김뚱이 최고야. 그런 데에 신경 쓸 것 없어. 내가 이렇게 말해도 정 신경 쓰인다면, 그래. 우리 같이 살 빼기 프로젝트 들어가자. 그럼 내 바람도 이루어지고 네 걱정도 없어질 거야."

이렇게 해서 두 사람은 김뚱 몸짱 되기 프로젝트에 들어갔다. 두 사람은 우선 먹는 것을 좀 조절하기로 했다. 평소 김뚱은 듬직한 몸집에 맞게 먹는 양이 남들 두 배 이상은 되었다. 밥도 두 공기 이상을 꼭꼭 먹어야 양이 차는 스타일이었다. 우선 그 습관부터 고치기로 했다. 우선 하루 세끼는 꼬박꼬박 먹으면서 한 공기씩만 먹는 것이었다.

다음 단계는 음식 먹는 속도를 좀 줄여 보는 것이었다. 김뚱은 손가락만 한 소시지쯤은 한 입에 다 털어 넣을 만큼 음식을 빨리 먹었다. 천천히 꼭꼭 씹어서 먹자가 두 사람의 목표였다.

그리고 마지막으로 함께 아침저녁으로 운동을 하기로 했다. 이렇게 계획을 세우고 6개월 정도가 흐르니 김뚱은 몰라보게 날씬해져 있었다.

"거봐, 노력하니까 되잖아. 완전 멋있어졌어. 사랑스러운 모습이야."

"우리 신이 짱이야. 네 덕분에 살도 다 빼고 내가 여친 하나는 진짜 잘 뒀어."

김뚱과 유신은 상당히 만족해하고 있었다. 그런데 문제는 뱃살이었다. 다른 데는 살이 전부 빠졌는데, 뱃살은 생각보다 많이 빠지지 않았다.

그러던 도중 어떤 수학자가 뱃살을 체크하는 특별한 도구가 있다는 광고를 냈다. 한참 뱃살에 대한 고민에 절어 있던 두 사람은 광고를 보고 그 도구를 파는 곳으로 찾아갔다.

그곳에는 뱃살로 고민하는 사람들이 많이 모여 있었다. 이제 뱃살만 해결하면 되었기에 두 사람의 기대는 컸다. 두 사람은 뱃살을 체크에서 매일 뱃살에 대한 경각심을 가지기로 했다. 그런 마음으로 두 사람이 구입한 뱃살 체크 도구는 실망스럽게도 각도기와 수성 펜이었다.

"아니, 이게 뭐야. 이걸 가지고 그렇게 비싸게 판 거야?"

두 사람은 눈앞에 펼쳐져 있는 뱃살 재는 기구를 믿을 수가 없었다. 너무 실망한 두 사람이 그 회사 홈피에 접속을 했더니 환불을 요청하는 소비자들이 수도 없이 많았다. 결국 두 사람도 환불을 요청했고, 거기에서 그치지 않은 소비자들을 따라 두 사람 역시 뱃살 체크기 판매상을 고소하기에 이르렀다.

리만 기하학이란 1854년에 독일의 수학자 리만이 발견한 종래의 삼차원에 대한 n차원을 다룬 새로운 공간 기하학입니다.

각도기와 수성펜으로 뱃살을 체크할 수 있을까요?

수학법정에서 알아봅시다.

재판을 시작합니다. 원고 측 변론하세요.

뱃살은 체지방입니다. 그러므로 체지방의 양을 측정해야지 무슨 각도기와 펜으로 뱃살을 체크한단 말입니까? 그리고 이번 사건은 생물법정에서 다뤄야 할 것 같은 데 판사님 이 사건 생치 변호사에게 줄까요?

재판 끝난 다음에 얘기합시다. 피고 측 변론하세요.

저는 각도기와 펜만으로 뱃살을 체크할 수 있다는 수학적인 내용을 알고 있습니다.

그게 정말 가능한 일입니까?

물론입니다.

어떤 수학이지요?

리만 기하학이라는 수학입니다.

그게 뭐죠?

휘어진 공간에 대한 기하학입니다.

공간이 어떻게 휘어져요?

팽팽히 잡아당긴 실은 평평한 1차원이죠? 근데 실을 느슨하게 잡으면 휘어지지요. 그게 바로 휘어진 1차원입니다. 그럼 휘어

리만 공간

리만 공간이란 각각의 점의 작은 공간에서는 비슷하지만 공간 전체를 놓고 보면 휘어져 있는 공간을 말합니다.

진 2차원은 뭐죠? 면이 휘어진 거죠.

근데…… 공간이 휘어지면 수학적으로 달라지나요?

많이 달라지죠.

어떤 것들이 달라지는데요?

삼각형의 내각의 합이 얼마죠?

180도요.

그럼 삼각형을 휘어진 면에다 그리면 180도보다 커지지요. 예를 들어 수박에다 삼각형을 그려 보세요. 그리고 세 각을 각도기로 재서 더해 보세요. 내각의 합이 180도보다 크잖아요?

그렇군요.

수박 면처럼 휘어진 면에다가 삼각형을 그리면 내각의 합이 180도보다 커질 수 있어요. 이것을 리만 기하학이라고 불러요.

그거랑 뱃살 체크랑 무슨 관계가 있죠?

볼록 튀어나온 똥배도 휘어진 면이에요. 그러니까 여기에 수성펜으로 삼각형을 그리고 매일매일 내각의 합을 재는 거예요. 이 각도가 180도에서 얼마나 커지는지가 자신의 똥배가 얼마나 튀어나오는지를 알려주니까요. 그러니까 다이어트를 하여 자신의 배에 그려진 삼각형의 내각의 합이 180도에 가까워지게 만들면 자연스럽게 배에 '왕' 자도 나타날 거고 그럼 몸짱이 되는 거죠.

정말 신기한 기하학이 있군요. 그렇다면 뱃살 판매기 측에서는 사기를 친 적이 없다고 결론을 내릴 수 있겠군요. 그럼 판결합니다. 김뚱과 유신은 비싼 뱃살 체크기를 선호하지 말고 운동을 열심히 하여 각도기로 배에 그린 삼각형의 내각의 합을 매일 체크해 몸짱이 되시길 바랍니다.

수학성적 끌어올리기

원통에서 제일 짧은 거리

담쟁이덩굴은 기둥을 돌면서 자랍니다. 담쟁이덩굴이 자라는 방법은 기둥을 타고 가장 빠른 길을 가는 방법입니다. 왜 그런가를 살펴보죠. 다음 원기둥을 보죠.

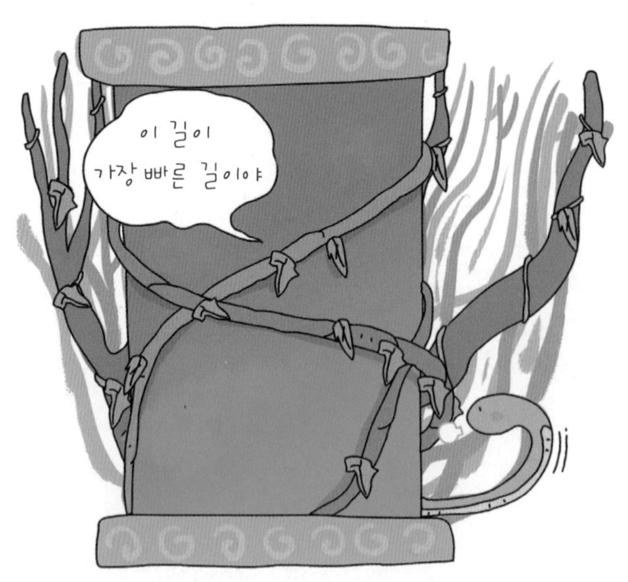

수학성적 끌어올리기

원기둥 모양의 담쟁이덩굴의 옆면을 대각선으로 지르는 담쟁이덩굴들의 이파리 모습을 보면 이파리들은 위에서부터 내려옵니다.

이 원기둥의 밑면의 한 점 A에서 출발해 원기둥의 표면을 따라 점 B까지 가는 가장 짧은 거리를 구해 보죠. 원둘레의 길이는 6이고 원기둥의 높이는 8이라고 합시다. 원기둥은 다음 그림과 같이 직사각형을 돌돌 말아서 만듭니다. 이때 A에서 B로 가는 가장 짧은 길은 직선 AB이지요.

수학성적 끌어올리기

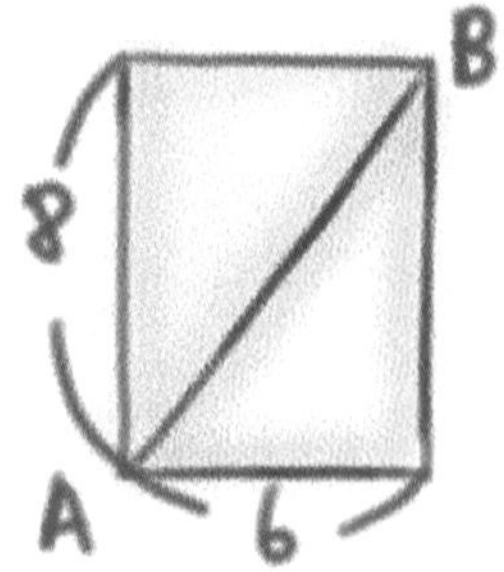

이 직선은 직사각형을 돌돌 말아 원통을 만들면 담쟁이덩굴처럼 빙글빙글 도는 곡선이 됩니다. 그렇습니다. 원기둥에서 가장 짧은 길은 담쟁이덩굴과 같은 곡선이지요. 하지만 이 길이는 전개도에서 직선이 곡선으로 변한 것입니다. 그러므로 전개도에서 직선의 길이와 원기둥을 따라가는 가장 짧은 길의 거리는 같습니다. 그렇다면 전개도에서 거리를 구하는 것이 편리하겠지요.

직사각형은 원기둥의 옆면의 전개도이고, 가로의 길이는 바로 원둘레의 길이인 6이고 세로의 길이는 원기둥의 높이 8입니다. 그러므로 두 점 A, B를 잇는 제일 짧은 거리는 선분 AB의 길이입니다. 피타고라스 정리를 쓰면 $\overline{AB}^2=6^2+8^2=100=10^2$이므로 $\overline{AB}=10$입니다. 이것이 바로 원기둥에서 A에서 B까지의 제일 짧은 길의 거리가 되지요.

수학과 친해지세요

이 책을 쓰면서 좀 고민이 되었습니다. 과연 누구를 위해 이 책을 쓸 것인지 난감했거든요. 처음에는 대학생과 성인을 대상으로 쓰려고 했습니다. 그러다 생각을 바꾸었습니다. 수학과 관련된 생활 속의 사건이 초등학생과 중학생에게도 흥미 있을 거라는 생각에서였지요.

초등학생과 중학생은 앞으로 우리나라가 21세기 선진국으로 발전하기 위해 꼭 필요한 과학 꿈나무들입니다. 그리고 과학의 발전에 가장 큰 기여를 하게 될 과목이 바로 수학입니다.

하지만 지금의 수학 교육은 논리보다는 단순히 기계적으로 공식을 외워 문제를 푸는 것이 성행하고 있습니다. 과연 우리나라에서 수학의 노벨상인 필즈메달 수상자가 나올 수 있을까 하는 의문이 들 정도로 심각한 상황에 놓여 있습니다.

저는 부족하지만 생활 속의 수학을 학생 여러분들의 눈높이에 맞추고 싶었습니다. 수학은 먼 곳에 있는 것이 아니라 우리 주변에 있다는 것을 알리고 싶었습니다. 수학 공부는 논리에서 시작됩니다. 올바른 논리는 수학 문제를 정확하게 해결할 수 있도록 도와줄 수 있기 때문입니다.